打造世界級的專業口感，在家複製頂級職人的美味關鍵

世界冠軍游東運
經典麵包學

頂級麵包職人────游東運／著

從各國經典麵包學習掌握關鍵工法，
歐法麵包、布里歐＆甜麵包、丹麥千層、節慶麵包等，
一次學會究極的經典美味

推薦序／01

經典手藝的無私分享，值得擁有

　　任何食譜都是幫助學習各種菜餚、點心製作技巧最直接的範本，作者將作法流程公開，讓持有者可以從中學習各種美食的烹調技術，全靠作者透過文字和圖片去表達，寫得越清楚、交代得越詳細，越能幫助讀者理解、吸收，進而詮釋出食物的色香味。早期坊間的食譜書都是以菜餚居多，近年有更多西點工作者也願意投入食譜創作後，西點食譜書的作者可說百家爭鳴各顯千秋，但是一本好的食譜書不能只靠圖片印刷的精美，而是內容豐富、配方準確、解說清楚，加上作者個人的祕訣傳授、經驗分享，讓讀者照著食譜也能做出和書本內容樣相同的各種烘焙點心，不只是作者的驕傲，也是讀者的成就，更是雙方滿意的交流。

　　認識游東運老師多年，他不只是世界麵包競賽冠軍的佼佼者，也是熱心傳授、樂於分享、並願意提攜後進的烘焙界大師，本性敦厚純樸，謙遜有禮，之前出版過二本烘焙專書，頗得業界推崇與讀者愛戴，事隔多年能再度拜讀老師新作，與有榮焉，更為廣大讀者慶幸，又能學到更多更新口味與技巧的西點麵包了，無論是自己品嘗、做了當禮物送人還是創業，書中的每一道口味都是創意十足、風味獨特的精緻美點。

　　一本好的創作值得收藏與鑽研，一位好的作者值得追隨，他願意將自己的專業手藝無私的公布、分享，是非常難得的心胸，當然要珍惜每一部作品的得來不易，只要認真習作、反覆練習，以內容之清楚詳細，完成作品並不難，如果還有不理解的地方，透過資訊向老師請教，相信老師也會樂意解惑，比起早年想要學習烘焙技巧不得其門而入的困窘，現在的讀者是幸福的，能擁有一位好老師的指導是幸運的，不過，師父領進門、修行靠個人，有好老師好作品，還是要靠讀者自己努力研習才能成就的喔，本人樂於推薦也與大家共勉。

資深美食作家

梁瓊白

推薦序／02

集結經驗技術精華，一本必備的最佳烘焙指南

在東運師傅的烘焙世界裡，是以發酵為靈魂，用雙手揉製出美味的麵包。他不僅是技藝精湛的麵包職人，更是一位不斷突破極限、勇於創新的世界麵包大師。

東運師傅的烘焙之路，源於對麵包的純粹熱愛。從少年時期在糕餅店打工，學習一技之長，到進入連鎖烘焙產業，一路走來他始終抱著熱愛麵包的初心，從未停下探索的腳步。並經由無數的國內外競賽，累積豐富的實戰經驗，2019年更以卓越的技藝，在世界麵包大賽一舉奪得甜麵包獎項冠軍，成為麵包界的佼佼者。

這本書匯聚了東運師傅多年來的技術、經驗及所學。書中網羅了世界經典麵包及研發的創意作品，包括歐法麵包、丹麥麵包、布里歐，以及深具意義的節慶麵包等。不只有美味的食譜配方，更從基礎的知識技術循序的教起，以詳盡的圖解示範解說，教作各種的發酵種，並且告訴你如何應用。此外，還有像是如何調控發酵溫度、油酥折疊技巧、培養天然酵母等等，讓麵包風味口感更上一層樓的技術關鍵。最難得的是，他使出對麵包的理解，盡可能的將技巧關鍵，全然的轉化成讀者易懂易學的方式呈現。為的就是要讓大家看著書，跟著做就能做出絕佳的風味。

烘焙既是一門藝術，也是一門科學。唯有對細節的極致追求，才能創造出令人驚艷的作品。這本書是東運師傅麵包心法分享，更是集結多年實戰經驗的淬鍊，在製作與說明中分享的許多經驗，不難看出他身為麵包職人的努力與堅持，內容實用且極具價值，可說是專業的表現，也是技術的傳承；是麵包參考書，更是傳承經典的寶典，絕對是烘焙愛好者與職人必備的好書，絕對值得擁有。

統一集團烘焙總監

文世成

推薦序／03

從烘焙學徒到世界冠軍

　　麵包的誕生，是時間與雙手的結晶，每一次揉捏、發酵與烘烤，都是對技藝與耐心的考驗。游東運師傅的故事，便是這樣一場漫長而精彩的修行。

　　他從學徒時期便展現出對烘焙的熱忱，日復一日地練習，只為追求更完美的麵包。他深知，要讓一塊麵團蛻變成世界級的作品，除了技術，更需要毅力與突破自我的決心。因此，他不斷挑戰極限，從台灣出發，走向國際舞台，一次次在世界級競賽中精進自己，終於在烘焙世界盃上奪冠，成為真正的世界級大師。

　　這本書，不只是他職人精神的見證，更是對夢想與堅持的詮釋。無論是初入烘焙之門的學徒，還是熱愛烘焙的讀者，都能在他的故事中找到啟發，感受那份對完美的不懈追求。願這本書能帶給你前行的力量，讓每一個夢想，都能如麵包般發酵、膨脹，最終成為世界級的傑作。

Lilian's 總經理
許金議

作者序／

在經典的框架下盡情演繹

　　這本書是繼歐式麵包、可頌丹麥麵包，睽違多年再次與讀者分享的全新作品。時隔五年還有機會將所想所學的麵包和大家分享，心裡有股難掩激昂的澎湃情緒。

　　歷時五年之久，期間經歷了生命中最重要的時刻，站上了世界麵包大賽（Mondial du Pain）的重要舞台，與來自各國的頂尖好手競爭交流。終獲世界肯定的過程，對我來說，是一次寶貴的挑戰和自我驗證。

　　世界麵包大賽是我人生中一個重要的里程碑，也是不設限的自我挑戰，因為要在嚴苛關卡中呈現完美技藝，考驗的不僅是技術，更多的是心智的磨練。回想起那段備戰的日子，彷彿是考驗自我極限的拉扯戰。不光無窮迴圈的追求跨越、突破，更多的是文化與創意的碰撞。像是比賽指定項目中，以選手國家特色為主題的麵包，如何從世界頂尖好手中脫穎而出，為國家爭取至上榮耀，其中灌注的可能是大家想像不到的時間精神與體力。現在每每想起，那時每天花十幾個小時演練測試，連睡覺做夢都在做麵包的光景，還真的是日有所思夜有所夢啊。這一路走來不容易，有淚有艱辛，但我相信每一段的試煉，終堆疊成對麵包理解的厚度，就像此時帶給我的滿滿收穫。

　　麵包技藝的學習永無止盡，在這個深廣的領域需要經驗、技術，還有對每種原料的理解與掌握。在參訪幾個代表的國家中，趁機會見習不同國家的麵包文化，這些的深刻體驗與感悟，也都將揉合於麵包中和大家分享。而我也將藉由這些經驗來和大家探索迷人的麵包世界；在經典的基礎上，融入創意及巧思，展演出經典麵包的想像與可能性。

　　衷心期盼，這本書能引領讀者一起深入遊歷世界各地，跟著本書，品嘗麵包環遊世界。

許東運

本書的使用方法

關於材料

○ 製作麵包所需的材料，材料的寫法由上而下即為操作的順序。

○ 依情況的不同，有時會在（ ）內標記也可以添加的材料。

○ 若有補充或常用的事項，會標記「＊」說明，或者附帶對照頁數 P.00。

○ 奶油若沒有特別標示的都是使用無鹽奶油，使用前要放常溫中回軟備用。

○ 手粉會配合用途使用，未包括在食譜份量內。分割、整型時使用的手粉是高筋麵粉；撒在麵團發酵布上的手粉則需配合需要使用。

○ 堅果類如果沒有特別標明的話，是使用烤過的堅果。

○ 書中使用的麵粉主有：麥典法國麵包專用粉、麥典QQ麵包專用粉、麥典實作工坊麵包專用粉。

關於 Process 工序表

○ 混合攪拌的細節記號表示。記號的閱讀方法,在這裡以 P.156「布里歐國王吐司」的步驟為例說明。

- Ⓐ ──①開頭的材料是表示一開始加入攪拌缸的材料。
  ②在上例中,會在攪拌缸中加入除了奶油、香草莢醬以外的其他所有材料。
  ③若無特別標註時,在一開始就會加入所有材料。
- Ⓑ ──表示進行下一個步驟,加入材料的動作。
- Ⓒ ──①表示攪拌機的速度。
  ②書中使用設定為(Ⓛ低速、Ⓜ中速)。
- Ⓓ ──檢示麵團狀態,延展麵團/測量麵團溫度。
- Ⓔ ──①表示將材料分次加入。
  ②箭頭的數量代表參考的加入次數。
  ③在上例中,奶油是分3次加入。

○ 攪拌時間會因材料的狀態而改變。攪拌過程中,請確認麵團吸水的狀態並適時調節溫度(粉類的追加、水分的補足與攪拌完成的時機),請依麵團實際狀態加以判斷。

○ 依各麵粉的特質及濕度或氣溫等條件的不同,吸水率也會有所不同。材料中的水量可視實際2～3%的調幅調整。

○ 發酵和烘烤的時間、溫度等,必須配合實際狀態適度的調整。製作麵包的溫度如果沒特別標示,請以下列溫度為基準。「發酵環境溫度」30～32℃,濕度75～85%。「室溫」是25～27℃。「冷藏」是3～5℃。

○ 麵團最怕乾燥,靜置發酵或放置冷藏時,都需用保鮮膜覆蓋或用塑膠袋包覆好,防止水分流失。

○ 孔洞烤盤主要用於鋪放烤焙紙,移放發酵完成的麵團,將其送進烤箱內;功用類似滑送帶一樣可以抽回後,將烤焙紙連同麵團送入烤箱內貼爐烘烤。

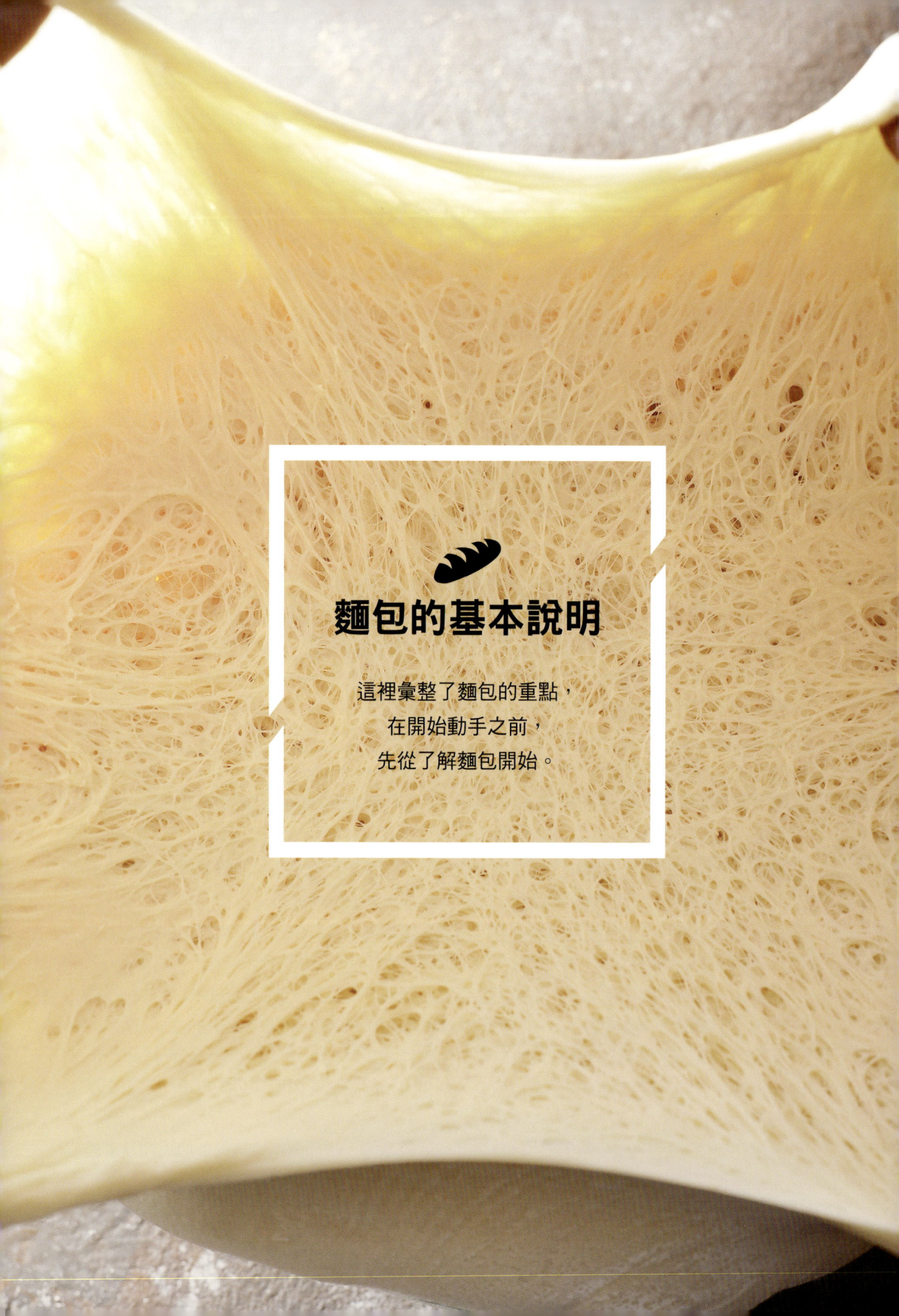

麵包的基本說明

這裡彙整了麵包的重點，
在開始動手之前，
先從了解麵包開始。

麵包的類型

麵包的構成材料主要有麵粉、水、酵母、鹽四種材料。而依據副材料的不同，主要可分為兩大類型。

硬質類／低糖油成分（LEAN）

→四種基本材料＋副材料（糖、油脂等）。
　例如：長棍麵包、法式鄉村麵包、洛代夫、巧巴達等。

軟質類／高糖油成分（RICH）

→四種基本材料＋豐富的副材料（油脂、雞蛋、乳製品、砂糖、餡料等）。
　例如：丹麥、千層、布里歐麵包、甜麵包等。

麵包的工序流程

麵包的製作方法有很多種，這裡以最基本的直接法來說明麵包的製作流程。

1. **攪拌**：混合攪拌。也就是將材料混合攪拌成團。
2. **發酵（基本發酵）**：將攪拌完成的麵團靜置發酵，使麵團膨脹，增添麵團風味。
3. **分割、滾圓、中間鬆弛**：將麵團分割、整圓的目的是為了讓麵包的形狀與重量一致；而鬆弛能讓麵團恢復膨脹力，提升延展性，並有助於整型的作業。
4. **整型**：滾圓或塑形，使麵團成形。
5. **最後發酵**：讓整型好的麵團發酵狀態調整到最佳狀態，同時也是決定口感、風味的最終步驟。
6. **烘烤**：放進預熱好的烤箱中烘烤。

麵包的結構

麵包由外側的**表層外皮（Crust）**和內層柔軟的**麵包芯（Crumb）**構成。兩者的構成比例會因為麵包的外型而有不同。

- **表層外皮（Crust）**：表層有烤焙色澤的外皮部分。
- **麵包芯（Crumb）**：內層柔軟的部分。
- **內部狀態**：麵包內部的狀態、氣孔（氣泡的形狀）。攪拌、發酵後呈現的組織狀態。

Contents

【推薦序1】
2　經典手藝的無私分享，值得擁有
　　──資深美食作家　梁瓊白

【推薦序2】
3　集結經驗技術精華，一本必備的最佳烘焙指南
　　──統一集團烘焙總監　文世成

【推薦序3】
4　從烘焙學徒到世界冠軍
　　──Lilian's 總經理　許金諺

【作者序】
5　在經典的框架下盡情演繹

8　麵包的基本說明
14　麵包世界的美味巡禮！
　　理解飲食，就能看見世界──尋味麵包與世界的美味關係

BREAD

1 製作麵包的基本知識

16　麵粉的基本知識
18　製作麵包的基本材料
20　製作麵包的基本器具

BREAD

2 解構深入人心的美味祕密

22　配方的組成與工序步驟用意
24　手法搭配的美味變化
25　成形美味的基本技巧

BREAD 3 製作麵包的基本工法

基本的工法

- 32 直接法
- 32 中種法
- 32 冷藏法
- 33 水合法
- 33 燙麵法
- 33 液種法
- 33 魯邦種

基本的發酵種

- 34 液種
- 35 發酵麵種
- 36 魯邦種／續種
- 41 天然酵母硬種／續種
- 43 天然水式酵母／續種
- 45 天然水式酵母／連續餵養

BREAD 4 特色經典法式麵包

- 48 法國長棍
- 53 可可法國魔杖
- 58 芥末籽脆腸法國
- 62 波爾多皇冠
- 67 法式鄉村麵包
- 72 水果洛代夫
- 77 青醬培根起司
- 82 普羅旺斯葉子
- 86 松露蘑菇麵包

5 BREAD
人氣口感，歐式麵包

92	肉桂蘋果花	122	全麥蜜香柑橘
97	歐式紅莓堅果	126	巧巴達
102	茶香蜜桃歐包	130	扭紋螺旋麵包
107	五穀米麥麵包	134	陽光番茄佛卡夏
112	紅藜麥多穀物	137	芋見櫻桃鴨披薩
118	黑麥多果麵包	140	日光乳酪貝果
		144	剝皮辣椒起司貝果
		147	日安藍莓藏心貝果
		150	虎紋脆皮麵包

BREAD

6 香甜柔軟
布里歐、甜麵包

- 156　布里歐國王吐司
- 160　香橙翻轉吐司
- 164　肉桂卷吐司
- 168　雙色辮子麵包
- 172　巧克力花結
- 177　花漾王冠
- 182　抹茶菠蘿流心
- 186　榛藏巧克力生乳方磚

BREAD

7 層疊酥脆
丹麥、千層

- 192　波浪巧克力吐司
- 196　蜜糖千層吐司
- 200　熔岩千層方磚
- 205　寶島旺來國王
- 210　緞帶蝴蝶結
- 216　櫻桃布朗尼
- 222　法式乳酪千層鹹塔
- 226　莓果千層蕾絲蛋塔

BREAD

8 獨特風味
節慶麵包

- 230　聖托佩塔
- 235　咕咕洛夫
- 240　經典國王餅
- 245　法蝶千層酥
- 248　德國結
- 252　赤味噌青蔥
- 256　黑椒烤腸德國球
- 259　德國史多倫
- 264　米蘭水果麵包
- 270　義大利水果麵包

Introduction

麵包世界的美味巡禮！

棍子麵包 Baguette
裸麥麵包 Rye Bread
鄉村麵包 Campagne
巧巴達 Ciabatta
葉形麵包 Fougasse

理解飲食，就能看見世界
——尋味麵包與世界的美味關係

來自世界各地的特色麵包，其背後與當地的風土、民情息息相關，有著超越外表的歷史及地方淵源。尋味各地麵包的源頭，體驗飽含的深層文化，帶你發現更多美味的變化吃法。

❶ 棍子麵包

聞名世界的法國長棍麵包，有著金黃香脆的外皮、咬勁十足的孔洞麵包芯。表皮酥脆，內裡柔軟而稍具韌性，入口充滿自然麥香味。

❷ 鄉村麵包

歷史悠久的田園風麵包。以小麥麵粉為基礎，混合裸麥或全麥麵粉製作，口感、味道與圓法國麵包相似，外觀差別在於表面的菱格紋路。

❸ 裸麥麵包

裸麥又稱黑麥。裸麥幾乎沒有筋度，麵團不會發酵膨脹，通常會添加發酵麵種製作。口感扎實而濕潤，帶有獨特酸味香氣。

❹ 葉形麵包

源於法國南部普羅旺斯地區的扁薄型麵包。外形特別、狀似樹葉紋路，也像南法嘉年華的面具。麵團裡可以加入各式的食材變化口味。

布里歐麵包 Brioche
德國結 Pretzel
佛卡夏 Focaccia
貝果 Bagel
披薩 Pizza
義大利水果麵包 Panettone

❺ 德國結

據說造型是源於手臂環抱的圖形。此外，最大的特色就是麵團浸泡鹼水，烘烤後形成光澤的褐色表面，風味與口感十分特別。

❻ 貝果

藉由燙煮阻斷發酵，形成的扎實嚼勁的口感，是最大的特色。燙煮的效果就類似讓澱粉糊化的燙麵，產生Q彈口感，形成表皮漂亮光澤。

❼ 巧巴達

Ciabatta有拖鞋的意思。外型就像名稱一樣，是扁平四方的形狀。麵團的特色是水分含量高。外皮薄脆，內部Q軟，吃得到純粹的麥香味。

❽ 義大利水果麵包

也稱潘那朵尼是發源於義大利的聖誕麵包。以特殊工法製作，含有豐富的果乾與堅果，香氣迷人，口感就像蛋糕般綿密鬆軟，奢華香甜。

❾ 布里歐麵包

麵團含有大量的奶油與蛋，帶有濃厚的奶油香氣。質地軟柔，組織裡面布滿平均的小氣孔，水分也較其他法國麵包多，具有綿密的口感。

❿ 佛卡夏

源自義大利的扁平狀麵包。focus在拉丁語中有「爐子」的意思，取其用火燒烤的語意，佛卡夏扁平的形狀，據說也是披薩的原型。

15

製作麵包的基本知識

製作麵包的關鍵在於如何巧妙地將麵粉、酵母、水、鹽這些基本材料加以組合。麵粉、酵母、水與鹽，每種材料各有作用，彼此之間有著密不可分的關係。製作麵包前，必須先對組成的材料有基本的認知。

麵粉的基本知識

粉類的風味和性質，決定麵包的風味口感。製作麵包時，需要考量此種麵包適合什麼樣的麵粉。簡單來說，在思考配方構成時要考量，麵包想要呈現出什麼樣的口感風味？加哪種材料？達成哪種口感？思考這些問題後，選出符合這些特性的麵粉。

麵粉材料

○不同粉類的味道與口感

粉類的種類很多，各有不同的特性，膨脹程度與風味也有差異；粉類的特色會決定麵包的味道口感，特別是材料單純的麵包。

○灰分

小麥完全燃燒後殘留的灰，又稱灰分。灰分內含礦物質成分。法國麵粉名稱上出現的型號「T00」，開頭的T指的是Type，後面的數字就是礦物質的含量。數字越高，胚芽的部分越多，麵粉的顏色越深，風味也越有深度。全麥麵粉是將整顆小麥磨成粉的類型。

○研磨方式、粗細

分成細磨、粗磨、石臼磨等方式，搭配不同顆粒粗細的麵粉，就能形成複雜而有深度的口感。

○蛋白質含量

製作麵包所用的麵粉，適合蛋白質含量高的粉類。蛋白質的含量越高，越容易形成麵筋，筋性也相對較強。想做出膨脹完整的麵包，關鍵就在蛋白質與澱粉。

○澱粉的性質

由澱粉結合而成的碳水化合物風味是麵包的口感所在，麵包Q彈有嚼勁，或是口感乾柴，取決於澱粉性質；嚼感的好壞、彈性的強弱等，會因為麵粉中所含的澱粉性質，影響麵包的口感。

Basic Knowledge

書中的麵包所使用的麵粉，主要是混合了下面幾種不同的粉類。下列則就其特色介紹說明。

法國麵粉

法國麵包專用粉，專為製作道地風味及口感製成的麵粉。性質介於高筋與中筋麵粉之間。其型號（Type）的分類是以礦物質（灰分）含量來區分。講究小麥風味的法國麵包，多會使用保留較多灰分的麵粉。

高筋麵粉

蛋白質含量高，味道清淡不會過於強烈，是能將小麥香味發揮的淋漓盡致的麵包用粉。搭配性強，可製作出延展性較好的麵團，是一般麵包最常使用的麵粉。

全麥麵粉

整顆小麥研磨而成的粉末，富含胚芽的營養及麩皮的膳食纖維，味道深厚，常用於歐法、全麥、雜糧麵包。

裸麥粉

顏色較深，具有特殊的酸味與香氣。裸麥的蛋白質幾乎無法形成麵筋，僅會產生黏性，通常會搭配發酵種和小麥麵粉製作，讓麵團展現酸味，以防止麵團變得黏稠。

製作麵包的基本知識 | 17

製作麵包的基本材料

酵母

酵母的種類，依水分含量的多寡，分成新鮮酵母與乾酵母。製作麵包時，可就其特性做適合的用途使用。

○新鮮酵母

含水量高，易變質，需冷藏保存並盡速使用。剝碎混在粉類中使用即可，或先與水拌勻後使用。適用於各類型的麵團，以及長時間發酵、冷藏麵團。

○低糖速溶酵母

低糖用酵母的發酵力強，只需要少許糖分就能發酵，適用糖含量（4%以下）的無糖或低糖等麵團。

○天然酵母

書中主要是利用魯邦種，以及魯邦種起種，添加麵粉續養成的發酵種使用。使用這種發酵種製作的麵包能展現出獨特的酸味與香氣，依照材料麵團的不同味道也會改變。

鹽

不只能平衡味道，還有緊實麵筋增加筋性、控制發酵速度、抑制雜菌孳生的效果。鹽的用量不多，卻是不可或缺，不加鹽的麵團會濕黏，不好塑形。用量太多反而會抑制發酵。

水

水可以讓麵粉產生麵筋、幫助酵母及材料發揮彼此作用。攪拌麵團時，可以利用水來控制溫度，將麵團調整到正確的溫度。

麥芽精

與蜂蜜一樣都含澱粉分解酵素，具備提升酵母活性作用，能促進麵團發酵，並能幫助麵團形成漂亮的烘烤色澤。麥芽精黏性強，不易溶化，可溶於水中稀釋再使用。

雞蛋

增加甜味與香氣的同時，還有提升麵團的延展性，讓麵團保有濕潤、鬆軟口感，以及幫助乳化（油水融合的狀態）的效果。

油脂

一般常使用的是固態油脂，在攪拌至麵團麵筋形成後，再加入油脂，能有助於麵團的延展性，可助於麵團烘烤時充分膨脹，做出蓬鬆柔軟的麵包。

○無鹽奶油

不含鹽分的奶油，具有濃醇的香味，是製作麵包最常使用的油脂。

○片狀奶油

用於折疊麵團的裏入油使用，可讓麵團容易伸展、整型，烘焙出的麵包能維持蓬鬆的狀態。

Basic Ingredients

麥芽精
細砂糖
低糖速溶酵母
奶油
鹽
雞蛋
鮮奶
水
新鮮酵母
片狀奶油
麵粉

製作麵包的基本知識

製作麵包的基本器具

機器和一般的用具也是影響製作成功與否的重要因素。有些機器是必要的,有些則是能讓操作更順利。

> **小型機器**

❶ 電子秤

測量材料,以及分割麵團時使用。選用可以準確判讀重量數值的電子秤比較方便使用。

❷ 攪拌盆

用在材料的備製,混合材料、麵團發酵等作業,有不同的尺寸大小。

❸ 攪拌器

用於溶解酵母或製作奶油餡時,攪拌打發或混合材料使用。

❹ 橡皮刮刀

攪拌混合,或刮取殘留在容器內的材料、減少損耗,以彈性高、耐熱性佳的材質較好。

❺ 溫度計

麵團揉成的溫度與發酵溫度很重要。麵團溫度會隨著食材溫度、氣溫,以及攪拌時間等而有變化,必須全面的考量。

Basic Tools

⑥ 擀麵棍
用於擀壓延展麵團，使麵團厚度平均，或整型時使用。可配合麵團的用量及用途選擇適合的尺寸。

⑦ 切麵刀、刮板
切麵刀使用於分割。刮板則常用於切拌混合，以及收攏麵團，清理發酵布、刮起沾黏檯面上的麵團整合使用。分割水含量高的麵團時，適合能俐落分割的切麵刀。

⑧ 發酵布
折出凹槽狀，再放入整型好的麵團，可防止麵團乾燥、變形。發酵布可幫助成型麵團往上脹（更挺）、能吸收麵團發酵時底部產生的水氣（達到調整水分效果）、不易沾黏。

⑨ 網篩
過篩粉類的顆粒雜質、篩勻粉末。小尺寸的濾網適用於表面粉末的篩撒裝飾。

⑩ pH酸鹼度計
pH酸鹼度計可量測麵團、酵母的酸鹼度。

⑪ 溫濕度計
用於測量環境的濕度與溫度使用。

⑫ 割紋刀、剪刀
用在切割麵團表面的裂痕的專用刀。剪刀可用於成形時剪出裝飾刀口。

⑬ 毛刷
在模型內壁塗刷油脂，防止沾黏；烤前塗刷蛋液，完成後塗刷糖水時使用，增加光亮色澤、防止水分流失。

⑭ 針車輪
可用於麵皮表面的扎洞。

⑮ 麵團移動板
用於移動如長棍等又長又軟的麵團。

⑯ 小煮鍋
加熱牛奶煮餡或拌煮餡料使用。

大型機器

攪拌機
本書使用的是直立式攪拌機，勾狀攪拌臂，適用於軟質系的麵團攪拌。

發酵箱
用來發酵麵團。可設定適合麵團發酵的溫度及濕度條件，避免麵團表面乾燥。

壓麵機
將麵團擀壓薄狀的機器，有調整設定的裝置，用於麵團厚度的延展，調整至適合的厚度。

烤箱
專用大型烤箱，可設定上下火的溫度，也能注入蒸氣。另外也有氣閥，可在烘焙過程中排出蒸氣，調節溫度。

製作麵包的基本知識 | 21

解構深入人心的美味祕密

深入了解材料、工具與步驟的用詞含意很重要。這裡就配方、製作的步驟、用語與製作時的要點，說明細節與其意義。了解構成麵包的美味要素，更深入探究職人對麵包的思維。

配方的組成與工序步驟用意

這裡以書中「紅藜麥多穀物」舉例說明配方組成與工序步驟用意：

🥖 麵粉
以風味較清淡的高筋麵粉，混合味道較醇厚的全麥麵粉，並加入帶有獨特香氣的裸麥粉。

🥖 發酵麵種
添加魯邦種製成的發酵麵種，同樣是發酵，但並非只是為了體積膨脹，主要目的是為了提升風味。發酵麵種能襯托出裸麥粉的香氣。

🥖 新鮮酵母
自製培養酵種＋新鮮酵母的組合。添加發酵麵種用來豐富發酵的風味，再搭配新鮮酵母來穩定發酵，讓麵團能慢慢熟成。

🥖 穀物＆堅果
蜜芋頭丁的甜味與鬆軟讓口感變得柔和，堅果與穀物則能帶出顆粒口感，提升整體層次。

材料	3個（外皮100g，主體315g）		
麵團		配方	重量
A	高筋麵粉	80%	400g
	全麥麵粉	10%	50g
	裸麥粉	10%	50g
	鹽	1.8%	9g
	細砂糖	6%	30g
	麥芽精	0.3%	1.5g
	水	68%	340g
	發酵麵種（P.35）	30%	150g
	新鮮酵母	3%	15g
B	奶油	3%	15g
	熟紅藜麥	10%	50g
	葵瓜子	3.5%	17.5g
	亞麻子	1%	5g
C	夏威夷豆	15%	75g
	蜜芋頭丁	10%	50g
	Total	251.6%	1258g

製作工序 PROCESS

▸ **預先準備**
亞麻子、葵瓜子先用水浸泡。

▸ **攪拌麵團**
- 材料Ⓐ→🟠L🟠M→呈厚膜→↓奶油→🟠L🟠M→呈薄膜→取300g原味麵團→↓剩餘麵團加熟紅藜麥→🟠L→↓加泡過水的材料Ⓑ，麵團終溫25～26℃。
- 加料麵團放上材料Ⓒ，以3折2次翻拌的方式將材料混合。

▸ **基本發酵、翻麵排氣**
外皮、主體麵團室溫發酵45分鐘；主體麵團，翻麵3折2次，延續發酵30分鐘。

▸ **分割、滾圓、中間鬆弛**
分割100g外皮麵團，冷藏鬆弛。分割315g主體麵團，室溫鬆弛30分鐘。

▸ **整型**
- 主體麵團整型成橄欖狀。
- 外皮麵團擀平，放上主體麵團，包覆整型。

▸ **最後發酵**
- 室溫發酵40～50分鐘。
- 放上圖騰紙型，篩撒手粉，切割四刀。剪出四道刀口。

▸ **烘烤**
210℃／170℃ 蒸氣3秒→2分鐘後蒸氣3秒，烤28～30分鐘。

🥖 **果乾準備**
胚芽和堅果，為了容易與麵團混合，不搶走麵團水分，會先與水浸泡。在其他麵團中，果乾和堅果通常也都會切碎或事前泡水、酒漬處理後使用。

🥖 **確認麵團狀態**
攪拌充足的麵團帶筋度，將麵團輕輕延展後能拉出膜狀，攪拌程度可由此狀態加以判斷。

🥖 **麵團終溫**
設定溫度的目的，是為了讓酵母有效率地分解產生作用。麵團的狀態會因揉成溫度而改變，在製作麵包過程中是很重要的一環。

> **解說** 翻麵排氣
> 確認麵團強度，調整筋度的步驟。以排氣翻麵的方式調整賦予口感的韌性，以及能使烘焙彈性良好的延展性。

🥖 **鬆弛**
鬆弛能讓麵團恢復膨脹力，提升延展性，並有助於後續整型的作業。

🥖 **割紋**
藉由割紋，在烘烤時，能讓內部的氣體壓力得以從切口洩出，讓麵團受熱均勻且完美的膨脹。

> **解說** 分割
> 將麵團分割成相同的重量。盡量一次俐落的分切完成，減少麵團的損壞。

解構深入人心的美味祕密 | 23

手法搭配的美味變化

單純加料又或包餡,麵團有無限的美味變化。各種麵包並非全是使用不同麵團製成的,運用麵團調整手法,添加配料與裝飾就能做出不同種類的麵包。運用麵團作為基底製作各式各樣的麵包時,要考量如何的享用,如何展現食材的特性,由此為思考出發點來製作麵包。

食材的使用方法

如何將食材的特性展現,適切的融入在麵包裡?最常見的呈現手法主要有「鋪放」、「包捲」和「揉入」等。

●鋪放:以麵團作為基底,將配料食材鋪放在麵團上,是首當其衝能夠直接感受食材美味的方式。

●包捲:相較於揉入麵團裡的方式,將配料食材包覆或捲在麵團裡,更能鮮明的感受到食材口感的特色。

●揉入:兼具麵包的口感與食材的特色。將食材融入麵團中,入口同時能吃得到麵團與食材的美味。

外觀的裝飾

外觀能讓人直接的感受到麵包的魅力。麵包呈現的形狀,或割紋烘烤後的裂痕、烤焙色澤的深淺,完工裝飾,都是造型的一部分。

書中「紅藜麥多穀物」上的圖案,就是使用厚塑膠板切割出圖紋做成裝飾圖形,放在麵團利用篩粉手法製作而成。圖紋紙模看似不起眼,卻能讓外觀有無限的發揮。其他還有,鄉村麵包經常使用的籐籃,烘烤成形後的紋路;以及國王餅表面塗刷蛋液,劃切圖紋,烘烤形成的金黃色澤、美麗的花紋,都是提升美味的裝飾手法。

→用噴槍上色裝飾

→用版型篩粉

→藤籃紋路

→塗刷液,劃紋路

成形美味的基本技巧

了解麵團是如何產生變化後,就能掌握各個步驟的意義與訣竅。把麵團變化成麵包的過程,做麵包的樂趣也就在這裡。

01 關於烘焙百分比%

書中配方用量,基本上是用烘焙比例與重量合併標記。且麵粉份量是以適合家庭容易操作的份量為設定。烘焙比例的數值,是以粉類(法國麵粉、麵粉、全麥麵粉、裸麥粉)合計為100%時的比例來標示。

烘焙百分比%是在表示材料用量時,將材料中的麵粉總量設為100%,其他材料相對於麵粉總量所呈現的比例,這樣的計量法稱為烘焙百分比%。製作時,如果想調整份量,只要運用烘焙百分比,即可算出所需的材料用量。烘焙百分比算式如下:

麵粉總重量(g)× 各種材料的烘焙百分比 = 需準備的材料量(g)

譬如需要鹽1.6%,粉類的總量是500g,鹽所需的量就是500(g)× 0.016 = 8(g)

烘焙百分比計算

・預定製作數量 × 配方中麵團分割重量
 = 所需麵團總重量

・所需麵團總重量 ÷ 配方百分比的總和
 = 每項食材所需倍數

・每項食材的倍數 + 損耗0.2～0.25 =
 實際每項食材所需倍數

・配方各項食材百分比 × 實際每項食材
 所需倍數 = 每項食材所需的重量

範例表

麵團	配方	重量
高筋麵粉	100%	500g
細砂糖	6%	30g
鹽	1.6%	8g
奶粉	3%	15g
鮮奶油	10%	50g
水	60%	300g
新鮮酵母	3%	15g
奶油	6%	30g
Total	189.6%	948g

範例 以書中直接法麵包配方為例，份量配比如上所示，製作麵包3個，每個300g，可求得：

- 預定製作數量 × 配方中麵團分割重量 ＝ 所需麵團總重量
  3個 × 300g ＝ 900g
- 所需麵團總重量 ÷ 配方百分比的總和 ＝ 每項食材所需倍數
  900g ÷ 189.6% ＝ 4.75
- 每項食材的倍數 ＋ 損耗0.2～0.25 ＝ 實際每項食材所需倍數
  4.75 ＋ 0.2 ＝ 4.95
- 配方各項食材百分比 × 實際每項食材所需倍數 ＝ 每項食材所需的重量
  10 × 4.95 ＝ 49.5g ←以鮮奶油為例

02 關於流程作業

調整用的水

攪拌好的溫度（揉成溫度）會影響發酵時間。雖然揉麵溫度會受到室溫、材料溫度、攪拌時摩擦生熱所影響，但影響麵團揉成溫度的主因是水的溫度。調整用水的目的，就是利用水溫將揉成溫度調整到達適合酵母作用的溫度。因此，攪拌過程中需要確認麵團的溫度狀態，並適時的予以調節。

什麼是後加水？

後加水多用於含水量高的麵團。所謂的後加水，也就是分次加水，攪拌麵團時在形成麵筋前先加入一部分的水量，等到麵筋形成到需要的程度後，再分幾次慢慢的添加剩餘的水分，藉以提升吸水率，讓水分能完全的被麵團吸收。一開始先使用較少的水量，可提早形成麵筋，能縮短整體攪拌時間。

後加鹽

在攪拌麵團的過程中，加入鹽的時機會隨著麵包種類而有所改變。在混合粉與水的水合法時，就會在後面的步驟才加鹽，這時加鹽能幫助麵筋形成，使麵團變得緊實。

什麼是後加鹽（後鹽法）？

鹽可以強化麵筋組織，使麵筋緊實，但另一方面，鹽也會延緩麵筋連結（阻礙麵筋形成），因此使用在LEAN類（低糖油成分配方）是在麵筋組織形成、延展後才加鹽，用以強化組織，能縮短麵團攪拌的時間。

自我分解

靜置時，麵團裡的麵筋會持續薄弱地延展，使麵團更加熟成，這種方法就是「自我分解」（Autolyse）。

有些麵包進行的前置處理是利用自我分解法。像是書中的法國長棍或茶香蜜桃歐包，是先將麵粉和水（或牛奶等液體，或添加發酵種）拌合，完成後包覆好，移置冷藏充分進行水合作用。完成自我分解的麵團會

形成麩質組織網，此時可透過延展來確認是否有彈力及延展性。透過冷藏自我分解的好處是，可提前做好，可縮短攪拌的時間，而且由於是冰涼狀態下使用，在攪拌麵團時能避免溫度過高，可有效控管麵團攪拌溫度。

03 關於攪拌

攪拌就是將材料混合。攪拌有慢速、快速，原則上會分成兩個階段來使用，一開始的目的在於將材料混合，因此會使用慢速來攪拌，將材料混合使其形成均勻的麵團。接著使用快速，將麵團中打出筋性。

雖然製作各種麵包需要的攪拌方法不同，但共同的目標就是要攪拌打出筋性，賦與麵團彈性與力量。如果麵筋脆弱，麵包在烘烤後的隔天就會變硬，因此確實攪拌做出強韌的麵筋很重要。如何辨別麵團是否已經形成強韌的麵筋？一般的方法就是用手慢慢地延展拉開麵團，如果麵團可以像橡膠般延展並富彈性，就代表已經形成強韌的麵筋。

低糖油含量的麵團

低糖油含量的硬質麵包來說，為保留扎實的口感風味，以及避免麵筋過度形成，多半以攪拌至不過度的狀態為主。攪拌至麵團呈光滑亮面、有延展性，輕輕延展後能拉出帶有彈性的薄膜，攪拌完成與否可由此狀態判斷。

高糖油含量的麵團

以糖油含量高的布里歐麵團來說，為能製作出膨脹鬆軟且潤澤的口感，必須攪拌至麵筋結構呈現可透視指腹的薄膜狀。由於油脂含量高，避免在一開始就將奶油與其他材料一起攪拌，而是要在攪拌到出現厚膜時，再加入攪拌。攪拌好的麵團，以低溫緩慢時間的發酵，產生的風味較好。

折疊裹油麵團

由於折疊的操作有類似攪拌的作用，為了不讓麵團在反覆折疊後，發展成過強筋性，裹油用的麵團，只要攪拌至柔軟有彈性的厚膜狀態就好，否則麵團在發酵過程中自行伸展，過度發酵再烘烤後，酥層的外層會撕裂分離，酥皮的外形就容易變形。

麵團狀態的確認

攪拌充足的麵團帶筋度，將麵團輕輕延展後能拉出有彈性的薄膜，攪拌完成與否可由此狀態判斷。

○ **麵筋擴展：**
麵團呈光澤，撐開麵團會形成不透光的厚膜狀。

→厚膜

○ 完全擴展：
麵團呈光滑亮面、有延展性，撐開麵團會形成光滑有彈性薄膜狀。

 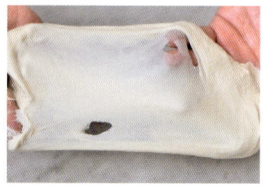

→厚膜　　　　　　→薄膜

04　折疊裹油類

　　裹油類麵團的發酵溫度應低於麵團中裹入油的熔點溫度。若溫度太高，油脂會融化溢出，折疊作業所形成的奶油酥層就會因而消失無法呈現分明層次。

麵團的裹入折疊

　　將麵團裹入奶油折疊時，麵團與奶油必須處於近似的軟硬、展延狀態，也就是說，在這時如果用手折它的邊角測試的話，會出現挺立直角，而不會有斷裂的情形。裹入的奶油需要有一定的柔韌性，太硬或太軟都不好。太硬，不好延展，折疊時就容易有奶油斷裂，麵團不能均勻包覆奶油的「斷油」狀況，如此一來就會使得製成的酥層失去連貫的狀態；或是油脂的顆粒穿破到麵層內，破壞各層次的麵皮，無法形成分明的層次。太軟的話，奶油則容易從麵團中溢出，也就不易形成明顯的層次。

05　關於發酵

　　如果使用發酵箱或具有發酵功能的烤箱，可依照條件設定。若沒有專業設備的，也可在室溫下發酵。發酵的溫度和所需時間成反比，溫度低發酵時間長；溫度高則發酵時間短。

基本發酵

　　基礎發酵的過程中，重點在於，不要讓麵團的溫度下降。而且只要讓溫度變得比完成溫度高出 1～2℃即可。發酵的時間會隨著麵團種類而有不同。依據麵包種類，有些麵團之後還要再進行低溫發酵。

手指按壓測試

　　攪拌後的發酵完成，可用手指按壓的方式來檢測。所謂的手指按壓測試，是用沾了手粉的手指戳入麵團的中央。**手指拔出後，按壓在麵團的孔洞仍維持原樣不會立刻縮回，就表示發酵完成了；孔洞立即縮回，則代表發酵不足，可讓麵團再發酵幾分鐘；戳入後孔洞周圍有塌陷的情況就是發酵過度了。**如果是整型後的發酵，也就是辨認最後發酵是否完成，可用手指沾上手粉，輕輕按壓麵團側面。如果手指會留下痕跡，或是麵團會慢慢恢復原狀的話，就是發酵完成了。

另外要注意，乾燥是麵團的大敵，發酵時若不能維持濕度，請用發酵布包覆麵團上。

→ 發酵完成，戳入的孔洞維持原樣。　→ 發酵不足，戳入的孔洞立即縮回。

翻麵＆壓平排氣

攪拌完成後，大部分的麵團會進行排氣翻麵再發酵。在壓平排氣時，透過雙手的觸摸，一面確認狀態，一面拉折翻麵調整麵筋，使麵團慢慢形成筋度，讓麵團變得有光澤又緊實。反覆將麵團延展再折疊，能使麵團的延展性變得更好，讓氣孔均勻分布。

○三折疊的翻麵方法

翻麵（壓平排氣），就是對發酵後的麵團施以均勻的力道按壓，讓麵團中產生的氣體得以排除，重新產氣的作業。

①用手輕拍按壓麵團使其平整。　②將麵團一側的1/3往中間折疊。

③另一側的1/3往中間折疊。　④均勻輕拍，再從下方往中間折疊。

⑤再從上方往中間折疊。　⑥整個麵團翻面，使折疊收合的部分朝下。

靜置／鬆弛發酵

只要是揉捏、分割、整型難免都會刺激麵團，使麵筋收縮變緊，如果此時的麵團沒有靜置鬆弛，會使後續的整型變得困難。不論是一般的麵團或裹油折疊類，延展切割後，必須給予時間鬆弛，讓繃緊的麵筋回復延展彈性，以利後續的整型。如果沒有鬆弛，就將還緊縮的麵團做切割或整型，麵團會因過度的拉扯，出現變形或有粗糙破裂的情形。

最後發酵

在整型後烘烤前，還要再經過一次發酵。最後發酵的過程中，重點在於，要保持麵團的溫度，避免麵團變得乾燥。也就是說，由於必須讓麵團溫度、濕度變得比平時略高，所以通常會利用發酵箱來進行。

在書中，有時會標示要將麵團的收口「朝上」或是「朝下」。像是法式鄉村麵包在靜置發酵時，是將麵團的收口朝上放置。收口朝下放置的話，麵團必須費力伸展，而會有黏度。麵團的收口朝上放置的話，麵團的負擔減少，就不會產生過度的黏性。但不是所有的麵包都相同，收口放置的方向，需視麵包想要呈現的口感而定。

解構深入人心的美味祕密　｜　29

06 關於分割&滾圓

分割

　　分割麵團時要使用刮板壓進麵團割開。不能像鋸子般前後拉扯,這樣會使得麵團中的氣泡散失,或損及麵團組織,影響麵團的發酵膨脹。分割麵團時,應盡可能減少切割的次數。

　　對於分切後就直接烘烤的麵團,例如高水含量的洛代夫,因麵筋維持在直線狀態,一旦烘烤後,會垂直膨脹,麵包就會漂亮地展現往上的烤焙彈性。這時的分割就如同整型,主要目的在於不影響麵團麵筋,因此分割時要盡可能俐落的切開,盡量一刀就切成適好的大小。

滾圓

　　麵團分割好後,要讓麵團的邊面與切面靠在一起,讓此作為底面;以不排除麵團內部氣體的方式,輕柔地滾圓,將麵團的邊緣集中在底部,緊密的收合成既光滑又緊實的狀態。如此一來,鬆弛後的整型步驟才能夠順利地進行。

○滾圓的方式(小)

→用手以包覆方式蓋在麵團上,以畫圓的方式在近身處滾動麵團,使麵團表面緊實,收口於底部。

○滾圓的方式(大)

①麵團的光滑面朝上放置,將麵團的邊緣集中於底部。

②麵團的收合口處朝下,用雙手轉動麵團讓表面緊實,收口集中於底部收合。

07 關於整型&切痕

　　在麵團表面切割,不只能裝飾外觀,藉由劃切割紋,也可以讓內部的多餘氣體順利排出,使麵團受熱均勻,能在烘烤中穩定的延伸、膨脹,進而烘烤出形態美觀的麵包。麵團劃切割紋的時間,原則上是在烘烤前,切割的深度依麵團發酵程度而定,基本上發酵越久、膨脹越大,切口越淺越好。

整型

　　麵團一直處於發酵狀態,即便在整型中

也是。發酵會影響麵包的風味與烤焙後的飽滿度，因此在成形的作業中也要確認麵團的狀態。整型雖然可形塑出美麗的外觀，但還是得考量想要呈現的口感與味道而定，盡可能在不損及麵團、不使麵團變乾硬的狀態下迅速完成整型。

將整型好的麵團收口處朝下，放置在撒好手粉的發酵帆布上，將麵團兩側的布巾折出皺摺支撐，使麵團不會向側面坍塌。皺摺的寬幅過大或太小都不好，太窄會壓迫麵團造成損傷；而寬幅太大時，會造成麵團的坍塌，烘烤後成為沒有彈力的麵包。一般而言，以整型後的麵團兩側可以插入一根手指的皺摺，是較理想的寬幅。

○ **割紋刀的用法**

割紋不是要割斷，而是用割紋刀一氣呵成劃線割開。割紋的深度大約在 2 ～ 3mm。割紋不夠深，割痕就無法均勻的膨脹出裂口。

08　關於烘烤

務必將烤箱預熱到指定的烘焙溫度，再把麵團放進烤箱烘烤。本書記載的烤箱溫度和時間，是以實際操作為基準。即使是相同的烤箱，也可能隨使用時間產生變化，烘烤效果未必相同。建議可先按照本書的說明烤烤看，成品烤色較深的話就調低溫度；烤色較淺則調高溫度。若上色不佳，可能要考慮是否為預熱不夠確實，可以試著增加預熱的時間。若有烘烤不均的情形，可視實際狀況在烘烤過程中，調換烤盤的前後方向。

烘烤前在麵團表面切割刀口，除了裝飾的作用，也能助使麵團膨脹和伸展，不會從旁邊或底部龜裂爆開。切口劃割的越深，受熱後裂口越大。切割時應俐落且迅速的切劃，若反覆來回的切割可能會黏在刀口破壞麵團影響膨脹。而在烘烤前或烘烤中噴蒸氣，製造出的濕熱環境，有助於烤出光亮香脆的外皮。

噴蒸氣

許多麵包在烘烤時會需要噴蒸氣，噴蒸氣的時機主要在烘烤前和烘烤階段進行。在烤箱裡，麵團四周的空氣濕度會影響麵包的結構和外觀，而烘烤初期階段，濕氣有助於軟化外皮，麵團因此可以充分膨脹，形成又薄又脆的外皮。濕氣也有助於溶化麵包上的糖分，形成金黃色的外皮。

解構深入人心的美味祕密 | 31

製作麵包的基本工法

基本麵團的製作，可以結合不同的發酵工法，提升麵團的風味口感。
像是基本的直接法，直接法搭配發酵種的作法；
又或自我分解法、冷藏法等製作方法。
以下將就書中使用的製作方式，介紹每種發酵的工法。

BASICS OF BREAD MAKING

直接法

將所有的材料一次混合攪拌、發酵的製作方法。製程單純直接，能發揮原有材料的風味，讓麵團釋出豐富的小麥香，適合副材料較少、風味單純的麵包。缺點則是老化的速度會比較快。

中種法

配方中部分的材料先攪拌完成，靜置發酵，製作成中種，後續再與配方其餘的材料攪拌完成麵團。麵團經過兩階段的製程，能有助於麵粉結合，提升麵筋的延展性及穩定性。中種法按照比例又分為50%、70%、100%，按照發酵時間分為一般中種法（室溫發酵2～3小時）、冷藏中種（冷藏發酵12～16小時，不超過24小時）。做好的中種麵團，可運用在各種麵團裡，不但能節省時間，又能提升麵包的風味。像是甜麵包糖、蛋奶、油脂含量高的麵團，搭配穩定的發酵種製作能做出細膩、鬆軟的口感。

冷藏法

將攪拌好的麵團冷藏（3～5℃）靜置，經長時間水合作用和發酵的製作方法，也稱長時間發酵法、隔夜冷藏發酵法。利用長時間

發酵，吸收水分（促進水合作用），與材料充分融合，能使食材原本的風味加倍發揮，特別適合低糖油成分、材料單純的麵包，像是鄉村麵包，此種方法能將它特有的酸味更加突顯出來。

水合法

水合法又稱自我分解法（Autolyse）。開始僅用麵粉和水混合，稍作靜置，待水分充分吸收，再加入酵母、鹽等其他材料的製作方法。讓麵粉充分進行水合作用，形成麵筋，即使不用揉合也能形成筋性，因此加入剩下的材料後，可縮短揉麵的時間。而由於能縮短麵團攪拌的時間，不僅可避免麵團因攪拌摩擦而導致麵溫升高，還能保有純樸麵包的最佳原始風味。

燙麵法

預先用熱水（或熱牛奶等液體）與粉類混合，讓澱粉糊化後再加入其他材料攪拌。由於是添加糊化過的燙麵，會讓麵包更加Q彈柔軟及濕潤，且因為為長時間熟成釋放澱粉酶，會帶出微甜味。多應用在質地細緻的吐司或甜麵包。

液種法（波蘭種法）

又稱波蘭種法（Poolish）、波蘭液種。液種法是將等量的麵粉和水（1：1）混合，加上少量酵母拌合成糊，室溫發酵1～2小時，再冷藏靜置隔夜，讓酵母長時間發酵充滿活性，進而引出麵團深層香氣，再與其餘的材料混合攪拌的製法。液種含水量高，能讓酵母活性更穩定、生成香氣，運用此法製作不僅能加速麵筋的形成，縮短主麵團的發酵時間，並能讓麵團產生獨特的風味，

口感也更加輕盈、濕潤，適合用於製作無糖或低糖油成分的麵包。

魯邦種

魯邦種（Levain），以附著於麵粉中的菌種製作成的發酵種，是法國麵包製作的主流。魯邦種有液態（水分較多，流動性的發酵種）和固態（水分較少，偏硬的發酵種）兩種培養方式。其特色在於形成的酸味及發酵味，可增加麵包味道的深度，能完全襯托出穀物本身的風味與發酵所形成的香氣。水分多的液態種，酸味就不會太強烈，但發酵力較強，比較趨向於能帶出甘甜味的發酵種。

基本的發酵種

運用發酵種能帶出麵包的口感風味。依據麵包類型的風味特色,除了主要使用的魯邦種之外,還有液種、發酵麵種等。

BASIC 01 　 液種

應用
- 法國長棍麵包_P.48
- 可可法國魔杖_P.53
- 扭紋螺旋麵包_P.130

材料
法國麵粉	200g
低糖酵母	0.25g
水	200g

作法

01 將低糖酵母、水先混合溶解,加入法國麵粉攪拌混合均勻至呈光滑面。

02 置於16～18℃環境,發酵16～18小時。

BASIC 02 　 液種

應用
- 五穀米麥麵包_P.107
- 虎紋脆皮麵包_P.150

材料
全麥麵粉	50g	新鮮酵母	1g
高筋麵粉	50g		
水	100g		

作法

01 新鮮酵母、水先混合溶解,加入所有粉類攪拌均勻至呈光滑面。

BREAD 3

34

02 置於室溫發酵90分鐘。　　　**03** 再移置冷藏12小時熟成後使用。

BASIC 03	發酵麵種

應用
- 紅藜麥多穀物_P.112
- 黑麥多果麵包_P.118
- 全麥蜜香柑橘_P.122

材料

法國麵粉…250g	魯邦種(P.36) 25g
低糖酵母..1.25g	鹽……………5g
水……………165g	

作法

 **01** 低糖酵母、水先攪拌溶化。　 **02** 將作法❶與其他材料放入攪拌缸。

 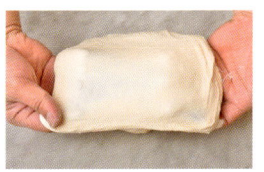 **03** 攪拌至麵團呈光滑亮面、有延展性（延展開的表面呈薄膜）。　 **04** 包覆上保鮮膜。麵團終溫22～23℃。

 **05** 整理酵種麵團，置於室溫基本發酵60分鐘。  **06** 移置冷藏發酵12小時，即可使用（建議保存不要超過24小時）。

製作麵包的基本工法 | 35

BASIC 04　魯邦種

魯邦種,是利用麵粉或裸麥粉中加入等量以上的水分進行發酵,形成如同麵糊般濃稠狀的發酵種。使用預先發酵好的魯邦種,能恰如其分的形成平衡的風味和香氣,能予麵包更加豐富且深度的風味。

準備器具

乾淨透明玻璃罐、攪拌匙

次數	材料	製作條件
第1次	裸麥粉125g、水(30℃)162.5g、蜂蜜1.25g	30℃,70~75%,24小時
第2次	起種1的培養液100g、法國麵粉100g、水(30℃)100g	30℃,70~75%,12小時
第3次	起種2的培養液100g、法國麵粉100g、水(30℃)100g	30℃,70~75%,12小時
第4次	起種3的培養液100g、法國麵粉100g、水(30℃)100g	30℃,70~75%,12小時
第5次	起種4的培養液100g、法國麵粉100g、水(30℃)100g	30℃,70~75%,12小時
第6次	起種5的培養液40g、法國麵粉100g、水(30℃)100g	30℃,70~75%,3~4小時
續種	魯邦種40g、法國麵粉100g、水(30℃)90g	30℃,70~75%,3~4小時

事前準備

將發酵用的玻璃罐和其他攪拌器具,事先用沸水汆燙消毒、瀝乾、擦乾水分,再倒扣涼架上,使其完全乾燥,防止雜菌孳生導致發霉。

第1次

將水（30℃）、蜂蜜先溶解均勻，加入裸麥粉攪拌至無粉粒，待表面平滑，用保鮮膜密封覆蓋，放發酵箱，發酵24小時。

→混合攪拌均勻

●攪拌完成狀態

→表面 　→側面

●發酵完成狀態

→表面 　→側面

第2次

取起種1的培養液，加入其他材料混合拌勻，待表面平滑，用保鮮膜密封覆蓋，置於發酵箱，發酵12小時。

●攪拌完成狀態

→表面 　→側面

●發酵完成狀態

→表面 　→側面

POINT
- 起種1的培養液，指的是第1次培養成的發酵液種。
- 去除起種1表面乾燥的部分，從內側狀態較好的部分取出100g使用。

第 3 次

取起種2的培養液,加入其他材料混合拌勻,待表面平滑,用保鮮膜密封覆蓋,置於發酵箱,發酵12小時。

● 攪拌完成狀態

→表面　　　→側面

● 發酵完成狀態

→表面 　　　→側面

POINT 起種2的培養液,指的是第2次培養成的發酵液種。

第 4 次

取起種3的培養液,加入其他材料混合拌勻,待表面平滑,用保鮮膜密封覆蓋,置於發酵箱,發酵12小時。

● 攪拌完成狀態

→表面 　　　→側面

● 發酵完成狀態

→表面 　　　→側面

POINT 起種3的培養液,指的是第3次培養成的發酵液種。

第 5 次

取起種4的培養液,加入其他材料混合拌勻,待表面平滑,用保鮮膜密封覆蓋,置於發酵箱,發酵12小時。

●攪拌完成狀態
→表面 　→側面 

●發酵完成狀態 
→表面 　→側面

POINT　起種4的培養液,指的是第4次培養成的發酵液種。

第 6 次

取起種5的培養液,加入其他材料混合拌勻,待表面平滑,用保鮮膜密封覆蓋,置於發酵箱,發酵3～4小時。測量pH值待發酵酸度到達pH4～4.2,即完成**魯邦初種**。**移置冷藏(3～5℃)12小時**,即可使用,若沒使用需在24小時內完成續種。

●攪拌完成狀態
→表面 　→側面 

●發酵完成狀態 
→表面 　→側面

POINT
- 起種5的培養液,指的是第5次培養成的發酵液種。
- pH值分為1～14,pH7為中性,數值越小越接近酸性,越大越接近鹼性。

製作麵包的基本工法　｜　39

BASIC 05　續種──魯邦種

材料

魯邦種............. 40g
法國麵粉........ 100g
水（30℃）...... 90g

續種作法

01 將完成的魯邦種、法國麵粉、水混合拌勻，待表面平滑，用保鮮膜密封覆蓋，置於發酵箱（30℃，70～75％），發酵3～4小時。

02 測量pH值待發酵酸度到達pH4～4.2，移置冷藏（3～5℃）12小時，即可使用，**若沒使用需在24小時內完成續種。**

●發酵完成狀態

→表面　　→側面

關於培養魯邦種的需知

使用器具

使用的器具需經過殺菌的處理。可將器具用熱水燙煮後，擦乾水分，放在通風處晾乾後使用。沸水殺菌後的瓶罐，瓶內不能殘留有任何的水分，水分濕氣都是導致不穩定的因素。

用保鮮膜密封覆蓋

培養魯邦種的過程，用來覆蓋的保鮮膜不需要戳孔洞，因為空氣中隱藏很多的細菌，一旦落菌附著於培養液表面，表面不僅會變得乾燥也會孳生霉菌。

置於溫度穩定的環境

培養天然酵母種，溫度濕度的控管很重要，相對條件穩定，才能控制好品質，否則容易孳生霉菌，造成分離的現象。攪拌時，要充分攪拌至無粉粒，若沒充分混勻，很容易有分離的情形。

酵種的培養

若是使用冷藏（或冷凍）保存的麵粉來培養魯邦時，麵粉要先回溫，否則攪拌溫度太低，會造成培養的不穩定。

判斷酵種的活力

培養魯邦種的過程中，因為在產生乳酸菌，會釋放出酸味，是正常的現象；若是散發出如食物腐敗的腥臭味，那就是壞掉的，必須棄種重新開始。魯邦種的發酵力是越養活力越充沛的，過程中的膨脹意謂發酵狀態的變化，因此不須過於擔心外觀狀態的改變（起伏變化不大）。

BASIC 天然酵母原種

書中是用來製作義大利水果麵包酵母的起種（硬種），之後持續續養原種，又或轉為水式酵母，並在連續餵養3次後使用。此天然酵母原種，帶有獨特的酸味和香氣，不僅可用來降低pH值，發酵的活力也很強。

準備器具

攪拌盆、橡皮刮刀、攪拌器、麻繩、耐熱袋、帆布袋、pH酸鹼度計

BASIC 01　原種——天然酵母硬種

材料

魯邦種.................................30g
高筋麵粉............................100g
水（30℃）.........................40g

硬種作法

01 將所有材料攪拌混合均勻成團。

02 將酵種麵團擀壓至表面呈光滑亮面，順勢捲起成圓柱狀。

03 將酵種麵團先用耐熱袋包覆好，再裝入帆布袋中，然後將帆布袋捲緊包覆好酵種麵團，用繩子捲緊綑綁牢固。

04 置於發酵箱（28～30℃，75～85％），發酵3～4小時，移置冷藏保存。即成天然酵母硬種。

BASIC 02　　續種──天然酵母硬種

材料

天然酵母硬種 100g
高筋麵粉 100g
水（30℃）.......... 40g

浸泡用溶液
・水（38℃）....1000g
・細砂糖 2g

續種作法

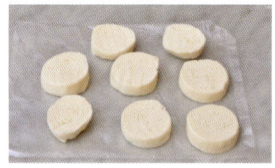

01 將天然酵母硬種切成2cm厚片，浸泡在溶液中5～10分鐘，讓中心溫度回溫至28℃。

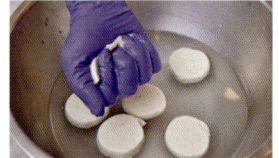

02 擠乾硬種的水分，與所有材料攪拌均勻。

03 將酵種麵團延壓擀平，順勢捲折成方塊狀。

04 轉向縱放，收合口朝上，再延壓擀平，順勢捲折成方塊狀。

05 重複擀壓、捲起的操作3～4次至酵種麵團表面光滑亮面，順勢捲起成圓柱狀。

BREAD 3

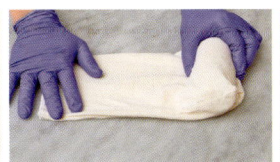

06 將酵種麵團先用耐熱袋包覆好,再裝入帆布袋中。

07 將帆布袋捲緊包覆好酵種麵團,用繩子捲緊綑綁牢固。置於發酵箱(28～30℃,75～85%),發酵3～4小時,移置冷藏保存,**每3天續種1次**。

| BASIC 03 | 原種──天然水式酵母(硬種轉成水式酵母) |

水式酵母是以天然酵母硬種為基礎,在培養的過程中經由在水中浸泡的方式來調控酵母中的酸鹼值。

材料

天然酵母硬種 100g
高筋麵粉 100g
水(30℃) 40g

浸泡用溶液
・水(38℃) 1000g
・細砂糖 2g

水式作法

01 天然酵母硬種切成2cm厚片,淹沒浸泡在溶液中5～10分鐘,讓中心溫度回溫至28℃。

02 擠乾硬種的水分,與所有材料攪拌均勻。

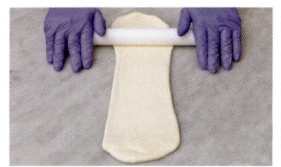

03 重複延壓擀平至表面光滑亮面,順勢捲折成方塊狀。

04 放置水(26℃)中,置於18℃的環境24小時,每天續種1次。

> **POINT**
> 浸泡水裡24小時後,酵種麵團大部分浮出水面、體積脹大、表面結硬皮、底部開始分解,聞的到發酵的味道。頂部露出水面的部分呈乾燥狀。

每天續種1次(用量配方同水式原種)

01 將完成的天然水式酵母,剝除乾燥的地方,取內部有活性的部分,剝成小塊狀,浸泡在溶液中5～10分鐘,讓中心溫度回溫至28℃。

> **POINT**
> 用溫度計測量溫度,使中心溫度回溫至28℃。

02 擠乾水式酵母的水分,與所有材料攪拌均勻。

03 重複延壓擀平至表面光滑亮面,順勢捲折成方塊狀。放置水(26℃)中,置於18℃的環境24小時。

BASIC 04　連續餵養——天然水式酵母

連續餵養3次的過程，如同在喚醒酵母的過程。書中米蘭水果麵包、義大利水果麵包添加於中種配方中的水式酵母，在製作前必須先完成連續餵養的製程後再製作中種。

材料

天然水式酵母 100g
高筋麵粉 100g
水（30℃）........40g

浸泡用溶液
・水（38℃）....1000g
・細砂糖 2g

在攪拌製作中種前：連續餵養3次

第1次

POINT
用溫度計測量溫度，使中心溫度回溫至28℃。

01 將天然水式酵母，剝除乾燥的地方，只取內部的部分，剝成小塊狀，浸泡在溶液中5～10分鐘，讓中心溫度回溫至28℃。

02 擠乾水式酵母的水分，與所有材料攪拌均勻。

03 重複延壓擀平至表面光滑亮面，捲折成方塊狀（4折捲折1次）。

04 放置水（26℃）中，置於發酵箱（28～30℃，75～85%），發酵3小時。

第2次

01 擠乾水式酵母的水分,與所有材料攪拌均勻。

02 重複延壓擀平至表面光滑亮面,捲折成方塊狀(4折捲折1次)。

03 放置水(26℃)中,置於發酵箱(28～30℃,75～85%),發酵3小時。

第3次

01 擠乾水式酵母的水分,與所有材料攪拌均勻。

02 重複延壓擀平至表面光滑亮面,捲折成方塊狀(4折捲折1次)。

03 放置水(26℃)中,置於發酵箱(28～30℃,75～85%),發酵3小時,發酵完畢即可使用。

4
BREAD

特色經典
法式麵包

以代表性的長棍、鄉村麵包等硬質的麵包，以及深受大眾喜愛的口味，葉形、洛代夫等道地的風味為主。這類的麵包大多為低油低糖成分的麵團，並使用能展現道地法式風味，灰分含量高的法國麵粉製作。此外，更有滿足大眾口味喜好，活用副材料製作出的獨到風味麵包。

01
BAGUETTE
法國長棍

長棍麵包的特色在於蜂巢狀的柔軟內部（氣孔較大且大小不一）。長棍麵包的前端和底部硬脆，表層酥脆、刀痕周圍酥鬆，內部卻是彈力十足的柔軟濕潤。這款長棍麵包的製作，是以微量的酵母菌、低溫長時間的發酵來帶出小麥的甘甜美味，越咀嚼越感受得出小麥的細膩風味。

| 份量 | 2.5個（350g） | 使用模型 | 無 | 難易度 | ★★★★ |

材料 INGREDIENTS

麵團	配方	重量
液種		
法國麵粉	40%	200g
低糖酵母	0.05%	0.25g
水	40%	200g
自我分解		
法國麵粉	35%	175g
水	14%	70g
魯邦種 (P.36)	10%	50g
主麵團		
法國麵粉	25%	125g
低糖酵母	0.45%	2.25g
水	9%	45g
麥芽精	0.3%	1.5g
鹽	2%	10g
Total	175.8%	879g

製作工序 PROCESS

▶ **預先準備**
- **液種**。材料攪拌至無粉粒，16～18℃環境發酵16～18小時。
- **自我分解**。材料混合拌勻，冷藏12～16小時。

▶ **攪拌麵團**
液種、自我分解、鹽之外主麵團材料→ L →呈厚膜→↓鹽→ L →呈薄膜。麵團終溫22～23℃。

▶ **基本發酵、翻麵排氣**
室溫發酵50分鐘，翻麵3折2次，發酵30分鐘。

▶ **分割、滾圓、中間鬆弛**
分割350g，整成長條形，室溫鬆弛30分鐘。

▶ **整型**
輕拍、翻面，整型成50～55cm長棍狀。

▶ **最後發酵**
- 放發酵布，室溫發酵30～40分鐘。
- 斜劃五道切口。

▶ **烘烤**
230℃／200℃蒸氣3秒→2分鐘後蒸氣3秒，烤23～25分鐘。

特色經典・法式麵包

作法　METHOD

預先準備　液種

01　低糖酵母、水先混合溶解，加入法國麵粉混合攪拌均勻至呈光滑面。

02　置於16～18℃環境發酵16～18小時。

自我分解

03　將法國麵粉、水、魯邦種攪拌混合均勻，密封覆蓋，冷藏12～16小時。

製作　攪拌麵團

04　將液種、自我分解、主麵團材料（鹽除外）放入攪拌缸。

> **POINT**
> 麥芽精有黏性，可事先與水混合溶解成液體狀使用。

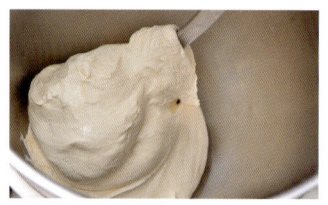

05　用勾狀攪拌器，以❶速攪拌至麵團呈厚膜。

延展麵團確認狀態　**厚膜狀**

06　加入鹽，攪拌至麵團呈光滑亮面，有延展性（延展開的表面呈薄膜）。麵團終溫22～23℃。

延展麵團確認狀態　**薄膜狀**

BREAD 4

基本發酵、翻麵排氣

07 整理麵團，置於室溫基本發酵50分鐘。

08 將麵團翻麵3折2次。輕拍，從近身側往中間折1/3。

09 另一側往中間折1/3，輕拍排氣，轉向縱放，再從近身側往前折成3折，繼續發酵30分鐘。

【發酵前】 　【發酵後】

分割、滾圓、中間鬆弛

10 分割成350g×2個。將麵團輕拍、翻面。

11 從近身側往前捲折，收合於底，輕滾動修整成圓柱狀、收合兩側，置於室溫鬆弛30分鐘。

特色經典・法式麵包

METHOD

【發酵前】  → 【發酵後】

整型

12 將麵團均勻輕拍壓除空氣、翻面。

13 從前側往下折1/3，並用手掌按壓收口處向內捲塞。

POINT
麵團收口處以一手的大拇指朝內塞入，另一手手掌則是按壓收口處使其黏合。若沒確實的往內塞、按壓黏合，滾動拉長時會較不好捲起。

14 再往下折1/3，並沿著收口處按壓捲塞，用手掌底部均勻按壓收口處使其確實黏合。

15 由中間朝左右兩端滾動延展成50～55cm長棍狀。

最後發酵

16 發酵布上撒手粉，收口朝上放入後將發酵布折成凹槽狀，覆蓋發酵布，置於室溫最後發酵30～40分鐘。

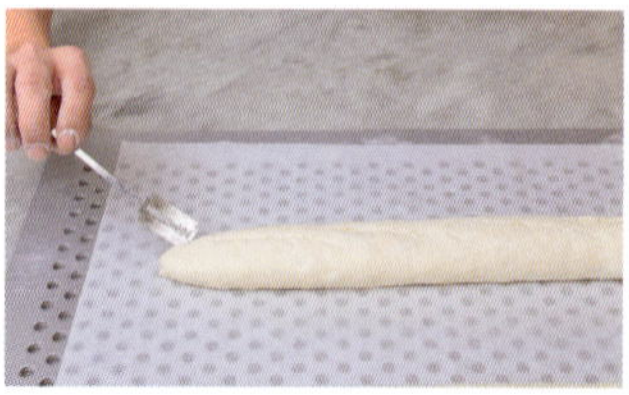

17 用割紋刀在表面斜劃五道切口。

POINT
刀痕的深度約在2～3mm。麵團烘烤後，刀痕會工整的裂開，薄薄的外皮也會烤得香脆，烤色也會呈現出光澤。

烘烤

18 以上火230℃／下火200℃蒸氣3秒，2分鐘後蒸氣3秒，烘烤23～25分鐘。

02
COCOA BAGUETTE
可可法國魔杖

高水量，外層Q彈又充滿嚼勁的長棍麵包。經過長時間的低溫發酵，麵團的彈性好，麵粉裡的甜味也能充分釋出，加上高含水量，徹底呈現最好的嚼勁風味。以可可粉拌入製作，醇香不膩，搭配香草莢醬，襯托巧克力醇厚深度的香氣與風味。

| 份量 | 3個(320g) | 使用模型 | 無 | 難易度 | ★★★★ |

材料 INGREDIENTS

麵團		配方	重量
液種			
法國麵粉		40%	200g
低糖酵母		0.05%	0.25g
水		40%	200g
自我分解			
法國麵粉		35%	175g
水		14%	70g
魯邦種 (P.36)		10%	50g
主麵團			
A	法國麵粉	25%	125g
	低糖酵母	0.45%	2.25g
	水	9%	45g
	麥芽精	0.3%	1.5g
	鹽	2%	10g
B	後加水	2%	10g
	可可粉	2%	10g
	香草莢醬	1%	5g
水滴巧克力		15%	75g
	Total	195.8%	979g

製作工序 PROCESS

● 預先準備
- **液種**。材料攪拌至無粉粒,16〜18℃環境發酵16〜18小時。
- **自我分解**。材料混合拌勻,冷藏12〜16小時。

● 攪拌麵團
液種、自我分解、主麵團材料Ⓐ(鹽除外)→Ⓛ→呈厚膜→↓鹽→Ⓛ→呈薄膜→↓材料Ⓑ→Ⓛ→↓水滴巧克力。麵團終溫22〜23℃。

● 基本發酵、翻麵排氣
室溫發酵50分鐘,翻麵3折2次,發酵30分鐘。

● 分割、滾圓、中間鬆弛
分割320g,整成長條形,室溫鬆弛30分鐘。

● 整型
整型成35cm長棍狀。

● 最後發酵
- 30〜40分鐘。
- 篩撒手粉,切割菱形紋。

● 烘烤
230℃/200℃蒸氣3秒→2分鐘後蒸氣3秒,烤20〜22分鐘。

BREAD 4

作法　METHOD

預先準備　液種

01　將低糖酵母、水先混合溶解，加入法國麵粉攪拌混合均勻至呈光滑面。

02　置於16～18℃環境發酵16～18小時。

自我分解

03　將法國麵粉、水、魯邦種攪拌混合均勻，密封覆蓋，冷藏12～16小時。

製作　攪拌麵團

04　將液種、自我分解、主麵團材料Ⓐ（鹽除外）放入攪拌缸，用勾狀攪拌器，以Ⓛ速攪拌至麵團呈厚膜。

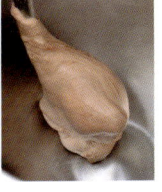

05　加入鹽攪拌至麵團呈光滑亮面，有延展性（延展開的表面呈薄膜），加入材料Ⓑ拌勻。

延展麵團確認狀態　**薄膜狀**

06　加入水滴巧克力。

POINT
若想加深可可色，可增加等比的可可粉與水的用量。

07　攪拌混合均勻。麵團終溫22～23℃。

基本發酵、翻麵排氣

08　整理麵團，置於室溫基本發酵50分鐘。

特色經典・法式麵包　55

METHOD

09 將麵團翻麵3折2次。均勻輕拍,從近身側往中間折1/3,另一側往中間折1/3。

10 轉向縱放,再從近身側往前折成3折,繼續發酵30分鐘　　【發酵後】

分割、滾圓、中間鬆弛

11 分割成320g×3個。將分割麵團輕拍、翻面,從近身側往前折。

12 收合於底,輕滾動修整成圓柱狀、收合兩側於底部,置於室溫鬆弛30分鐘。

BREAD 4

整型

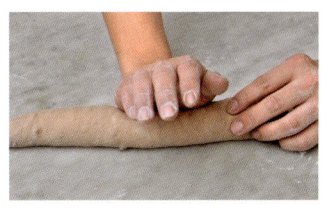

13 將麵團均勻輕拍壓除空氣、翻面，從前側往中間折1/3，並用手掌按壓收口處向內捲塞。

> **POINT**
> 在麵團收口處以一手的大拇指朝內塞入，另一手手掌則是按壓收口處使其黏合。若沒有確實的往內塞、按壓黏合，到滾動拉長時會較不好捲起。

14 往下折1/3，並沿著收口處按壓捲塞，用手掌底部按壓收口處使其確實黏合。

15 由中間朝左右兩端滾動延展成35cm長棍狀。

最後發酵

16 發酵布上撒手粉，收口朝上放入後將發酵布折成凹槽狀，覆蓋發酵布，置於室溫最後發酵30～40分鐘。

> **POINT**
> 發酵布折成凹槽隔開麵團，能避免麵團變形或向兩側塌陷。

17 移置到鋪好烤焙紙的木板上，正面朝上（收口朝下）。

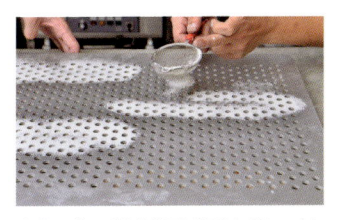

烘烤

18 表面隔著孔洞烤盤，篩撒高筋麵粉（份量外）。

19 用割紋刀切劃菱形紋。

20 以上火230℃／下火200℃蒸氣3秒，2分鐘後蒸氣3秒，烘烤20～22分鐘。

03
SAUSAGE BREAD WITH MUSTARD
芥末籽脆腸法國

以法國麵包麵團，搭配特殊風味的德式脆腸及芥末籽醬，整型時與長棍同樣整成棒狀，再彎折，同方向剪出刀口。表面割劃出剛好能看到內餡的深度切口，經由烤焙讓香氣更加突顯，不只聞得到散發的香氣，裡頭的美味也能看見。外脆內軟的口感，與內餡獨特風味，帶來口感風味的不同體驗。

| 份量 | 7個（120g） | 使用模型 | 無 | 難易度 | ★★ |

材料　INGREDIENTS

麵團	配方	重量
法國麵粉	100%	500g
低糖酵母	0.5%	2.5g
水	70%	350g
麥芽精	0.3%	1.5g
魯邦種（P.36）	10%	50g
鹽	2%	10g
Total	182.8%	914g

＊魯邦種也可使用等量的液種替代，風味有不同，不添加魯邦或液種也可以。

內餡配料

德式脆腸 7條
芥末籽醬 70g

製作工序　PROCESS

◉ 攪拌麵團
鹽之外材料→L→呈厚膜→↓鹽→L→呈薄膜。麵團終溫22～23℃。

◉ 基本發酵、翻麵排氣
室溫發酵60分鐘，翻麵3折2次，發酵60分鐘。

◉ 分割、滾圓、中間鬆弛
分割120g，整成長條形，室溫鬆弛30分鐘。

◉ 整型
麵團拍扁抹芥末籽醬、包入德式脆腸，整型長條形。

◉ 最後發酵
- 室溫發酵20～25分鐘。
- 直劃四道切口，折成U型，篩手粉。

◉ 烘烤
230℃／200℃蒸氣3秒→2分鐘後蒸氣3秒，烤13～14分鐘。

特色經典・法式麵包

作法　METHOD

製作　攪拌麵團

01 作法參見P.62-66作法2-3。麵團終溫22〜23℃。

基本發酵、翻麵排氣

02 整理麵團，置於室溫基本發酵60分鐘。

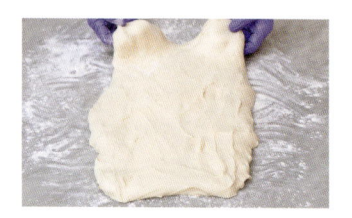

03 將麵團翻麵3折2次。輕拍麵團延展成四方形。

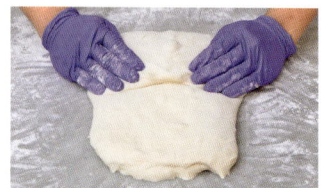

04 從近身側往前連續折疊，折成3折，轉向縱放。

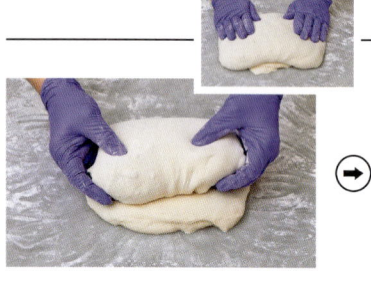

05 再重複1次往前折成3折的操作，繼續發酵60分鐘。

分割、滾圓、中間鬆弛

06 麵團分割成120g×7個。

07 輕拍、翻面，從近身側往前捲折至底，收合於底，輕滾動修整成圓柱狀，置於室溫鬆弛30分鐘。

BREAD 4

整型

> **POINT**
> 脆腸拭乾水分後再使用,避免水分過多影響麵團。

08 將麵團輕拍壓除空氣、翻面,在中間塗抹10g芥末籽醬,放上德式脆腸。

09 將前側麵團拉起覆蓋脆腸,往內按壓,再沿著收合口按壓密合,捏緊收合兩端。

最後發酵

10 烤盤撒上手粉,放入麵團,覆蓋發酵布,置於室溫最後發酵20～25分鐘。

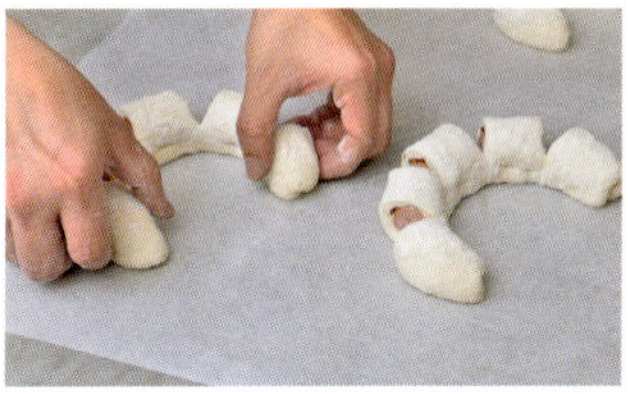

11 用剪刀在長側邊,呈等間距剪出四道切口,將兩端朝中間彎折成U型。

烘烤

12 表面篩撒上高筋麵粉(份量外)。

13 以上火230℃／下火200℃蒸氣3秒,2分鐘後蒸氣3秒,烘烤13～14分鐘。

特色經典・法式麵包 | 61

04
COURONNE BORDELAISE
波爾多皇冠

「Couronne」在法語裡有皇冠的意思。波爾多皇冠是經典的法式麵包，這裡以法國麵包麵團為基底，利用數個圓形麵團排列成皇冠形。包覆於內圈宛如波浪的脆皮，讓造型更添優雅的氣息。傳統的皇冠麵包，口味單純不包覆內餡，在這款麵團裡則添加了桂花醬，帶出淡雅的香氣，並搭配芒果乳餡，展演出爽口不膩的風味。

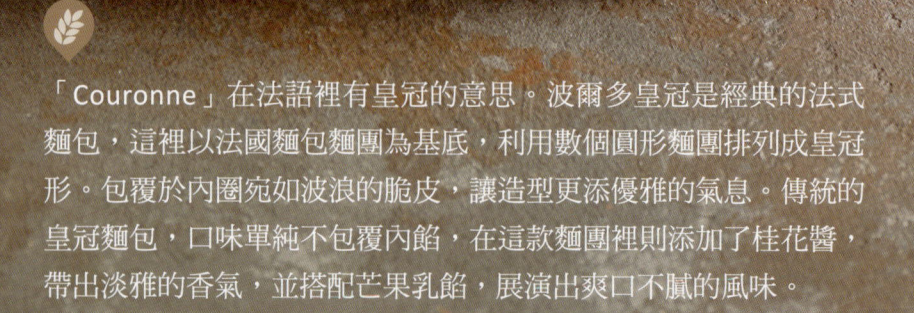

| 份量 | 2個 | 外皮120g
主體45g | 使用模型 | 裝飾用板 | 難易度 | ★★★★ |

材料　INGREDIENTS

麵團

	配方	重量
法國麵粉	100%	500g
低糖酵母	0.5%	2.5g
水	70%	350g
麥芽精	0.3%	1.5g
魯邦種（P.36）	10%	50g
鹽	2%	10g
桂花醬	7%	35g
Total	189.8%	949g

＊魯邦種也可使用等量的液種替代，風味有不同，不添加魯邦或液種也可以。

內餡　芒果乳酪餡

奶油乳酪	176g
糖粉	40g
芒果果泥	24g
芒果乾	80g

製作工序　PROCESS

▶ **預先準備**
芒果乳酪餡。奶油乳酪、糖粉攪拌均匀，加入漬泡好的芒果乾拌匀。

▶ **攪拌麵團**
鹽、桂花醬之外材料→Ⓛ→呈厚膜↓→鹽→Ⓛ→呈薄膜→取240g麵團→剩餘麵團加桂花醬→Ⓛ。麵團終溫22～23℃。

▶ **基本發酵、翻麵排氣**
室溫發酵60分鐘，翻麵3折2次，發酵60分鐘。

▶ **分割、滾圓、中間鬆弛**
分割120g外皮麵團，冷藏鬆弛。45g主體麵團，滾圓，室溫鬆弛30分鐘。

▶ **整型**
- 主體麵團包入20g芒果乳酪餡。
- 外皮麵團擀平，外圍刷油，排放上麵團，中間處戳孔，拉起外皮黏貼麵團上。

▶ **最後發酵**
放發酵布，室溫發酵30～40分鐘。翻面，正面朝上，篩手粉。

▶ **烘烤**
220℃／200℃蒸氣3秒→2分鐘後蒸氣3秒，烤23～25分鐘。

作法　METHOD

預先準備　芒果乳酪餡

01 果泥、果乾浸泡入味。將奶油乳酪、糖粉攪拌至乳霜狀，加入浸漬果乾拌勻。

製作　攪拌麵團

02 將所有材料（鹽、桂花醬除外）放入攪拌缸，用勾狀攪拌器，以 L 速攪拌至麵團呈厚膜。

延展麵團確認狀態　**厚膜狀**

03 加入鹽，攪拌至麵團呈光滑亮面，有延展性（呈薄膜）。

04 取出240g原味麵團（外皮用），剩餘麵團加入桂花醬混合拌勻。麵團終溫22～23℃。

延展麵團確認狀態　**薄膜狀**

基本發酵、翻麵排氣

05 外皮、主體麵團分別整理，置於室溫基本發酵60分鐘。

06 外皮、主體麵團翻麵3折2次。輕拍麵團平整，從近身側往前折成3折。

BREAD 4

64

07 轉向縱放，再重複1次往前折成3折的操作。

分割、滾圓、中間鬆弛

08 繼續發酵60分鐘。

09 外皮麵團分割成120g×2個，輕拍、翻面，捏折收合整圓，冷藏鬆弛。

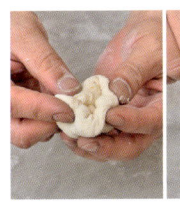

10 主體麵團分割成45g×14個，輕拍、翻面，捏折收合整圓，置於室溫鬆弛30分鐘。

整型

11 主體麵團。主體麵團拍扁。

12 在麵團上放入20g芒果乳酪餡，捏緊收口處，整型成圓球狀。

13 外皮麵團。外皮麵團拍平。

特色經典・法式麵包 | 65

METHOD

14 擀成直徑20cm的圓形，翻面，在外圍塗刷上橄欖油。

15 將**作法⓬**收口朝上，排列在外皮的外圍。

16 用手指在中心挖孔，並將麵皮往上延展，拉起黏在麵團上。

> **POINT**
> 也可用刮板在麵皮中心，呈放射狀切劃出7等份，再將切口的三角麵皮拉到麵團的中心黏貼，又或略縮小圓形外皮的尺寸，能形成更有層次的波浪造型。

最後發酵

17 發酵布上撒上高筋麵粉，放入**作法⓰**。覆蓋好發酵布，置於室溫最後發酵30〜40分鐘。

18 將**作法⓱**翻面，使正面朝上移置孔洞烤盤上。

19 表面篩撒上高筋麵粉（份量外）。

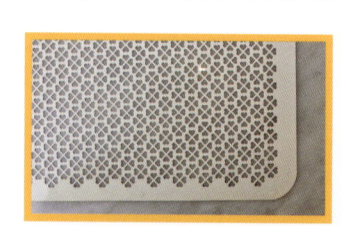

【裝飾造型用】

烘烤

20 以上火220℃／下火200℃蒸氣3秒，2分鐘後蒸氣3秒，烘烤23〜25分鐘。

BREAD 4

05
CAMPAGNE
法式鄉村麵包

如同其名鄉村（農村）麵包一樣的樸實無華，讓人感受到裸麥的芳香與口感。魯邦種恰到好處的酸味，搭配少量的全麥麵粉、裸麥粉來增補風味，帶出深邃的香氣，能品嘗到裸麥香氣與豐醇的滋味，越咀嚼越有味。很適合搭配鹹口味的料理一起食用。

| 份量 | 2個（450g） | 使用模型 | 裝飾噴槍 | 難易度 | ★★★ |

材料 INGREDIENTS

麵團

麵團	配方	重量
法國麵粉	80%	400g
全麥麵粉	10%	50g
裸麥粉	10%	50g
低糖酵母	0.5%	2.5g
水	68%	340g
麥芽精	0.3%	1.5g
魯邦種（P.36）	10%	50g
鹽	2%	10g
蜂蜜	2%	10g
Total	182.8%	914g

＊魯邦種也可使用等量的液種替代，風味有不同，不添加魯邦或液種也可以。

表面裝飾用

食用色素（可可色）......適量
金箔..............................適量

製作工序 PROCESS

● **攪拌麵團**
鹽、蜂蜜之外的材料→L→呈厚膜→↓鹽→L→呈薄膜→↓蜂蜜→L。麵團終溫22～23℃。

● **基本發酵、翻麵排氣**
室溫發酵45分鐘，翻麵3折2次，冷藏12～16小時。

● **分割、滾圓、中間鬆弛**
回溫30分鐘，分割450g，整成橢圓狀，室溫鬆弛30分鐘。

● **整型**
輕拍、翻面，捲起收合成橢圓狀。

● **最後發酵**
・放發酵布，室溫發酵45～50分鐘。
・表面噴飾圖紋，點綴金箔，切割紋路。

● **烘烤**
230℃／200℃蒸氣3秒→2分鐘後蒸氣3秒，烤25～28分鐘。

作法　METHOD

製作　攪拌麵團

01 將所有材料（鹽、蜂蜜除外）放入攪拌缸，用勾狀攪拌器，以 L 速攪拌至麵團呈厚膜。

02 加入鹽。

03 攪拌至麵團呈光滑亮面，有延展性（延展開的表面呈薄膜）。

延展麵團確認狀態　**薄膜狀**

04 加入蜂蜜攪拌均勻。

05 麵團終溫22～23℃。

POINT
為了保留蜂蜜的香氣風味，在最後才加入蜂蜜混合。

基本發酵、翻麵排氣

06 整理麵團，置於室溫基本發酵45分鐘。

07 將麵團翻麵3折2次，輕拍麵團，從近身側往前連續3折。

08 轉向縱放，再一次重複往前折成3折操作。

特色經典・法式麵包　|　69

METHOD

09 使其收合於底部。

10 將麵團放入鋼盆中,表面用塑膠袋緊密貼附麵團。

分割、滾圓、中間鬆弛

11 冷藏12～16小時。

12 取出麵團置於室溫30分鐘,分割成450g×2個。

13 輕拍麵團、翻面。

14 再將麵團往內捏折收合,並往底部集中稍滾動修,整成橢圓狀。

15 置於室溫鬆弛30分鐘(發酵後)。

整型

16 將麵團輕拍、翻面,從近身側輕輕地將麵團拉提往前捲折至底。

BREAD 4

17 收合處朝底，輕滾動修整成圓柱狀。

最後發酵

18 收口朝上，放入發酵布後，將發酵布折成凹槽狀，覆蓋發酵布，最後發酵45～50分鐘。

> **POINT**
> 發酵布折成凹槽隔開麵團，能避免麵團變形或向兩側塌陷。覆蓋發酵帆布能防止水分蒸發，避免麵團變乾燥。

19 將作法⓲翻面，使正面朝上移置孔洞烤盤上。

20 在一側面鋪放上裝飾用的圖紋紙型，使用噴槍噴上食用色素（可可色）。

烘烤

21 裝點上金箔，割劃一道紋路。

22 以上火230℃／下火200℃蒸氣3秒，2分鐘後蒸氣3秒，烘烤25～28分鐘。

23 完成。

06
PAIN DE LODÈVE
水果洛代夫

洛代夫源於南法小鎮,是水含量極高的麵包。通常發酵完成的麵團分割後都會再進行整型,不過,洛代夫則是不進行整型,也因此,方形的形狀會有不一致的現象,這是因為以麵團切割後就直接烘烤。再者,使用的是魯邦種,具有特有的酸味芳香,透過後加水的方式使內部含水分飽和,結合高溫短時烘烤降低水分蒸發。烘烤後外層酥脆,切開後組織的發酵氣孔較大,內裡柔軟濕潤,細細咀嚼能嘗到甘甜且帶有微酸風味。

| 份量 | 3個（370g） | 使用模型 | 無 | 難易度 | ★★★ |

材料　INGREDIENTS

麵團		配方	重量
A	法國麵粉	100%	500g
	低糖酵母	0.5%	2.5g
	水	70%	350g
	麥芽精	0.3%	1.5g
	魯邦種（P.36）	10%	50g
鹽		2%	10g
後加水		15%	75g
芒果乾		15%	75g
葡萄乾		10%	50g
	Total	222.8%	1114g

＊魯邦種也可使用等量的液種替代，風味有不同，不添加魯邦或液種也可以。

製作工序　PROCESS

● 攪拌麵團
材料Ⓐ→L→呈厚膜→↓鹽→L→呈薄膜→↓↓↓後加水→L→↓兩種果乾。麵團終溫22～23℃。

● 基本發酵、翻麵排氣
室溫發酵60分鐘，翻麵3折2次，冷藏12～16小時。

● 分割、整型
室溫回溫30分鐘，直接分割370g成形。

● 最後發酵
蓋發酵布，室溫發酵40～50分鐘。

● 烘烤
240℃／200℃蒸氣3秒→2分鐘後蒸氣3秒，烤25～28分鐘。

特色經典・法式麵包

作法　METHOD

製作　攪拌麵團

01 將材料Ⓐ放入攪拌缸，用勾狀攪拌器，以Ⓛ速攪拌至麵團呈厚膜。

延展麵團確認狀態　**厚膜狀**

02 加入鹽，攪拌至麵團呈光滑亮面，有延展性（延展開的表面呈薄膜）。

03 分次慢慢的加入後加水。

04 攪拌均勻，至完全吸收。

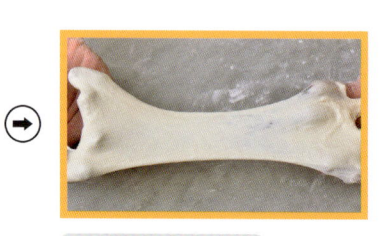

延展麵團確認狀態　**薄膜狀**

POINT
水要一點一點的分次加入，才能順利攪拌至完全吸收。

05 加入芒果乾、葡萄乾，混合拌勻。麵團終溫22～23℃。

基本發酵、翻麵排氣

06 整理麵團，室溫基本發酵60分鐘。

BREAD 4

07　將麵團翻麵3折2次。輕拍麵團，從近身側往前折成3折，轉向縱放。

08　再重複1次往前折成3折的操作，用保鮮膜緊貼包覆，冷藏12～16小時。

【發酵前】 　　【發酵後】

分割、整型

09　將麵團置於室溫回溫30分鐘。輕拍平整，將前後兩側分別往中間折1/3。

10　翻面、輕拍平整。

11　將麵團直接分割成370g×3個。

特色經典・法式麵包

METHOD

12 將麵團輕拍、翻面,從近身側輕輕地將麵團往前推捲,收合於底。

最後發酵

13 將檯面撒上大量的手粉,再將麵團輕滾動修整成形。

14 發酵布上撒手粉,收口朝上放入後將發酵布折成凹槽狀,覆蓋發酵布,置於室溫最後發酵40～50分鐘。

烘烤

15 將作法⑭翻面,使正面朝上移置孔洞烤盤上,表面對角斜劃一道刀口。

16 以上火240℃／下火200℃蒸氣3秒,2分鐘後蒸氣3秒,烘烤25～28分鐘。

試試不同的吃法!

這款水果洛代夫麵團裡添加了葡萄乾及芒果果乾,吃得到麵團外,果乾帶來的香甜風味,直接品嘗風味就很棒了。如果還想嘗試其他的吃法,不妨搭配果醬或奶油乳酪也很不錯。

BREAD 4

07

PESTO BACON
CHEESE BREAD

青醬培根起司

添加魯邦種發酵、口味經典的法式麵包。將青醬的風味融合在麵團裡，再將散發淡淡清香的麵團，塗抹青醬，鋪放起司丁、培根丁包捲起來，烘烤後不僅外層散發芳香，麵包整體的風味也更加深邃濃郁。

| 份量 | 6個（150g） | 使用模型 | 無 | 難易度 | ★★ |

材料 INGREDIENTS

麵團

麵團	配方	重量
法國麵粉	100%	500g
低糖酵母	0.5%	2.5g
水	70%	350g
麥芽精	0.3%	1.5g
魯邦種（P.36）	10%	50g
鹽	2%	10g
青醬	8%	40g
Total	190.8%	954g

＊魯邦種也可使用等量的液種替代，風味有不同，不添加魯邦或液種也可以。

內餡 青醬

九層塔 40g
松子 25g
橄欖油 75g
蒜頭 10g
起司粉 11.25g
黑胡椒 1.25g
鹽 1.25g

內餡配料

青醬 48g
起司丁 90g
厚切培根丁 180g

製作工序 PROCESS

▸ 預先準備
青醬。用調理機將所有材料混合攪打。

▸ 攪拌麵團
鹽、青醬之外的材料→ L →呈厚膜→↓鹽→ L →呈薄膜→↓青醬→ L 。麵團終溫22～23℃。

▸ 基本發酵、翻麵排氣
室溫發酵60分鐘，翻麵3折2次，發酵60分鐘。

▸ 分割、滾圓、中間鬆弛
分割150g，整成長條狀，室溫鬆弛30分鐘。

▸ 整型
- 擀成方片狀，鋪放青醬、起司丁、培根丁。
- 在一側邊刷油，從另一側捲起成圓柱形。

▸ 最後發酵
蓋發酵布，室溫發酵30～40分鐘。翻面，正面朝上，表面篩粉。

▸ 烘烤
230℃／200℃蒸氣3秒→2分鐘後蒸氣3秒，烤16～18分鐘。

| 作法 | METHOD |

預先準備　青醬

01 將所有材料放入食物調理機中混合攪打即可（或用市售青醬）。

製作　攪拌麵團

02 將所有材料（鹽、青醬除外）放入攪拌缸，用勾狀攪拌器，以 L 速攪拌至麵團呈厚膜。

延展麵團確認狀態　**厚膜狀**

03 加入鹽，攪拌至麵團呈光滑亮面，有延展性（延展開的表面呈薄膜）。

延展麵團確認狀態　**薄膜狀**

04 加入青醬混合拌勻。麵團終溫22～23℃。

延展麵團確認狀態　**薄膜狀**

基本發酵、翻麵排氣

05 整理麵團，置於室溫基本發酵60分鐘。

06 將麵團翻麵3折2次。輕拍麵團。

特色經典・法式麵包　｜　79

METHOD

07 從近身側往前折成3折,輕拍排氣。

08 轉向縱放。

09 再重複1次往前折成3折的操作,繼續發酵60分鐘。

分割、滾圓、中間鬆弛

10 麵團分割成150g×6個,輕拍、翻面,從近身側往前捲至底。

11 收合兩端,輕滾動修整成圓柱狀,收口朝下,置於室溫鬆弛30分鐘。

整型

12 將麵團輕拍平整、翻面。

BREAD 4

80

13 擀成四方片，在前側放入8g青醬、15g高熔點起司丁、30g厚切培根丁。

14 由上往下捲，並朝內按壓收合至接近底部處（底部預留1cm）。

15 將預留的部分，擀壓延展薄，並在底側塗刷橄欖油，捲成圓柱狀。

最後發酵

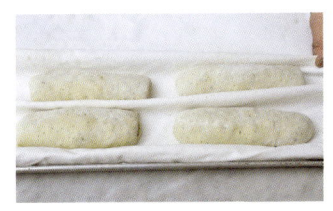

16 發酵布上撒手粉，放入發酵布後，將發酵布折成凹槽狀，覆蓋發酵布，置於室溫最後發酵30～40分鐘。

17 將麵團翻面，使正面朝上移置孔洞烤盤上。

烘烤

18 表面篩撒上手粉（份量外）。

19 以上火230℃／下火200℃蒸氣3秒，2分鐘後蒸氣3秒，烘烤16～18分鐘。

20 完成。

特色經典・法式麵包 | 81

08
FOUGASSE
普羅旺斯葉子

葉子麵包又稱面具麵包，是盛行於法國南部普羅旺斯地區的家庭麵包。其獨特處在於扁平狀的葉脈外形，以及特殊的口感與迷人香氣。現今的葉子麵包不論在外形或口味都有相當多的變化，通常會加入橄欖、番茄乾、香料等，烘烤後帶有特殊的風味。

| 份量 | 4個（120g×2） | 使用模型 | 無 | 難易度 | ★★ |

材料　INGREDIENTS

麵團		配方	重量
A	法國麵粉	100%	500g
	水	70%	350g
	麥芽精	0.3%	1.5g
	低糖酵母	0.5%	2.5g
	魯邦種（P.36）	10%	50g
鹽		2%	10g
橄欖油		10%	50g
義大利香料		0.7%	3.5g
羅勒葉		4%	20g
	Total	197.5%	987.5g

＊魯邦種也可使用等量的液種替代，風味有不同，不添加魯邦或液種也可以。

內餡　紅醬燻雞餡

義大利紅醬	80g
燻雞肉	160g
起司絲	80g
黑胡椒	0.8g
義大利香料	1.2g

製作工序　PROCESS

● **預先準備**
紅醬燻雞餡。將所有材料混合拌勻。

● **攪拌麵團**
材料Ⓐ→L→呈厚膜→↓鹽→L→呈薄膜→↓橄欖油→L→↓義大利香料、羅勒葉。麵團終溫22～23℃。

● **基本發酵、翻麵排氣**
室溫發酵60分鐘，翻麵3折2次，冷藏12～16小時。

● **分割、滾圓、中間鬆弛**
分割120g，滾圓，室溫回溫30分鐘，整型。

● **整型**
- 拍壓扁，包紅醬乳酪餡，輕壓扁，擀成橢圓片狀。
- 用刮板劃七道切口，形成葉脈，稍微調整成形。

● **最後發酵**
室溫發酵30～40分鐘。刷橄欖油。

● **烘烤**
- 240℃／200℃ 蒸氣3秒→2分鐘後蒸氣3秒，烤16～18分鐘。
- 刷橄欖油。

作法　METHOD

預先準備　紅醬燻雞餡

01 將所有材料混合拌勻即可。

製作　攪拌麵團

02 作法參見P.62-66作法2-3攪拌至麵團呈光滑亮面、有延展性（呈薄膜）。

03 分次加入橄欖油攪拌至融合，加入義大利香料、羅勒葉。

04 攪拌混合均勻。麵團終溫22～23℃。

延展麵團確認狀態　薄膜狀

基本發酵、翻麵排氣

05 將麵團置於室溫基本發酵60分鐘。

06 將麵團翻麵3折2次。輕拍麵團，從近身側往前折成3折。

07 轉向縱放，再重複1次往前折成3折的操作。將麵團收口朝下，放入鋼盆，覆蓋包鮮膜，冷藏12～16小時。

BREAD 4

分割、滾圓、中間鬆弛

08 取出麵團分割成120g×8個,將麵團往中間聚合收攏,捏緊收合口,整成圓球狀。

09 置於室溫回溫30分鐘即可整型。

整型

10 麵團輕拍壓扁,擀平成厚度均勻的橢圓片(二片一組)。

11 取一片周圍預留1cm,其餘的空間抹上80g紅醬燻雞餡,覆蓋上另一片,壓平排除氣體。

12 用刮板斜劃七道刀口,形成葉脈,用手抓住麵團下端,輕輕往下延展,做成葉子形狀。

最後發酵

13 置於室溫,最後發酵30～40分鐘,表面刷上橄欖油。

烘烤、完工裝飾

14 以上火240℃／下火200℃蒸氣3秒,2分鐘後蒸氣3秒,烘烤16～18分鐘。表面再刷上橄欖油。

特色經典・法式麵包 | 85

09
CHAMPIGNON
松露蘑菇麵包

外觀相當有型的法式麵包，圓滾的底部是Q彈有勁的口感，頂部的傘狀部分則是與底部截然不同的薄脆感。同一個麵包體能嘗到不同的口感，搭配內裡濕潤的松露醬、雙起司丁內餡，十分特別。

| 份量 | 4個（200g） | 使用模型 | 4吋圓形框 | 難易度 | ★★★ |

材料　INGREDIENTS

麵團	配方	重量
法國麵粉	100%	500g
低糖酵母	0.5%	2.5g
水	70%	350g
麥芽精	0.3%	1.5g
魯邦種 (P.36)	10%	50g
鹽	2%	10g
Total	182.8%	914g

原色裝飾外皮
法國麵粉 150g
裸麥粉 37.5g
新鮮酵母 2.5g
水 90g
鹽 2.5g

紅色裝飾外皮
法國麵粉 140g
裸麥粉 37.5g
新鮮酵母 2.5g
水 90g
鹽 2.5g
甜菜根粉 10g

內餡用
松露醬 60g
雙色起司丁 120g

＊魯邦種也可使用等量的液種替代，風味有不同，不添加魯邦或液種也可以。

製作工序　PROCESS

◉ **預先準備**
- 原色裝飾外皮。材料→L。冷藏鬆弛10～15分鐘。
- 紅色裝飾外皮。材料→L。冷藏鬆弛10～15分鐘。
- 兩種麵團分別擀成厚0.2cm片狀，冰硬。原色壓小圓片，紅色壓大圓形皮，冷藏。

◉ **攪拌麵團**
鹽之外的材料→L→呈厚膜→↓鹽→L→呈薄膜。麵團終溫22～23℃。

◉ **基本發酵、翻麵排氣**
室溫發酵60分鐘，翻麵3折2次，發酵60分鐘。

◉ **分割、滾圓、中間鬆弛**
分割200g，滾圓，室溫鬆弛30分鐘。

◉ **整型**
麵團包餡，整成圓球狀。收口朝下，放入4吋慕斯圈中。

◉ **最後發酵**
- 室溫發酵30～40分鐘。
- 原色麵皮噴上水霧，黏貼在紅色麵皮上。翻面，外圍薄刷橄欖油，覆蓋在包餡的麵團上。表面撒手粉。

◉ **烘烤**
180～190℃／200～210℃ 蒸氣3秒→2分鐘後蒸氣3秒，烤18～20分鐘。

作法 | METHOD

預先準備　使用模型

01 4吋圓形框，圓直徑10cm×高5cm。

原色、紅色裝飾外皮

02 原色裝飾外皮。將材料以❶速攪拌混合均勻，冷藏鬆弛10～15分鐘。

03 紅色裝飾外皮。將材料以❶速攪拌混合均勻，冷藏鬆弛10～15分鐘。

04 將原味、紅色麵團分別擀壓平成厚度0.2cm片狀，冰硬。

05 原味麵團用直徑2.5cm圓形模框壓切小圓片。紅色麵團用6吋慕斯圈壓切圓形皮，密封覆蓋，冷藏備用。

製作　攪拌麵團

06 作法參見P.62-66作法2-3。麵團終溫22～23℃。

基本發酵、翻麵排氣

07 整理麵團，置於室溫基本發酵60分鐘。

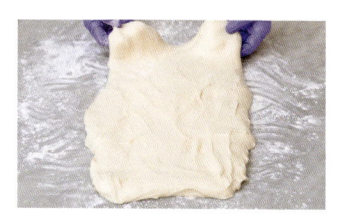

08 將麵團翻麵3折2次。輕拍延展成四方形。

09 從近身側往前折成3折，轉向縱放，輕拍均勻。

BREAD 4

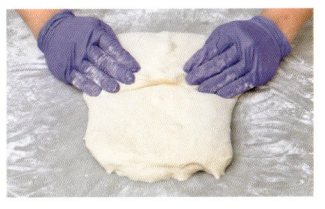

10　再重複1次,從近身側往前折成3折的操作。

分割、滾圓、中間鬆弛

11　繼續發酵60分鐘。

12　麵團分割成200g。將麵團由近身側往前對折。

13　轉向縱放再對折,將麵團往中間聚攏收合整圓,置於室溫鬆弛30分鐘。

整型

14　將麵團輕拍壓除空氣、翻面,縱向放置,在中間鋪放部分的松露醬、雙色起司丁,將上下兩側往中間折。

特色經典・法式麵包

METHOD

15 翻面,使收口朝上,再鋪放上剩餘的內餡(內餡總量松露醬15g、雙色起司丁30g)。從四周拉起麵團,捏合包覆住內餡。

16 捏緊收合,整圓成圓球狀。

17 將麵團收口朝下放入4吋慕斯圈中。

最後發酵

18 置於室溫最後發酵30～40分鐘至平齊模型的高度。

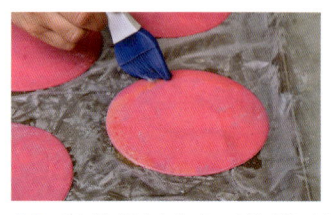

19 將蘑菇麵皮底面的外圍薄刷上油,覆蓋在**作法⑱**的麵團上,表面篩上手粉(份量外)。

烘烤

20 逐一篩撒完成。

21 以上火180～190℃／下火200～210℃蒸氣3秒,2分鐘後蒸氣3秒,烘烤18～20分鐘。

22 完成。

5

BREAD

人氣口感
歐式麵包

麵粉有不同的特性及風味香氣,運用小麥、裸麥或其他粉類、穀物,就能做出迷人的歐式風味。再根據不同的麵團特性,搭配有助於發酵及提升風味的發酵種,像是適合裸麥麵團,能突顯酸味香氣的發酵麵種,提升風味的魯邦種及液種的風味運用,做出化口性好、風味豐富的歐式麵包。

10

APPLE CINNAMON BREAD
肉桂蘋果花

純樸的麵包也可以有各種的樣式造型。由6個麵團組合成蘋果花外形，再以蘋果片作為蘋果花蕊增添色彩的豐富性，營造出宛如花朵綻放的花樣。麵團中包藏著有濃郁芳香的內餡，細細咀嚼不僅能吃得到麥香，還有肉桂蘋果餡擴散於舌尖的迷人香氣。

份量 ／ 3個（50g×6）　　使用模型 ／ 無　　難易度 ／ ★★★

材料　INGREDIENTS

麵團

麵團	配方	重量
高筋麵粉	100%	500g
細砂糖	6%	30g
鹽	1.6%	8g
奶粉	3%	15g
鮮奶油	10%	50g
水	60%	300g
新鮮酵母	3%	15g
奶油	6%	30g
Total	189.6%	948g

內餡 肉桂蘋果餡

蘋果丁............ 250g
奶油................ 25g
細砂糖............. 15g
A ｜ 肉桂粉 ... 0.75g
　｜ 白蘭地 7.5g
　｜ 玉米粉 2.5g
B ｜ 檸檬汁 10g
　｜ 葡萄乾 ... 37.5g

內餡 糖漬蘋果片

蘋果片............ 300g
水.................. 500g
蜂蜜................. 50g

製作工序　PROCESS

◉ 預先準備
- **肉桂蘋果餡**。蘋果丁炒軟，加入奶油、細砂糖拌炒至收汁。另將材料Ⓐ拌勻，加入炒軟的蘋果丁煮至濃稠，加入材料Ⓑ拌勻。
- **糖漬蘋果片**。將蜂蜜、水煮沸，放入蘋果片浸泡。

◉ 攪拌麵團
奶油之外材料→ⓁⓂ→呈厚膜→↓奶油 →ⓁⓂ→呈薄膜。麵團終溫25～26℃。

◉ 基本發酵
室溫發酵50～60分鐘。

◉ 分割、滾圓、中間鬆弛
分割50g（6個1組），滾圓，室溫鬆弛30分鐘。

◉ 整型
- 麵團包肉桂蘋餡，整型成橄欖形。
- 另將麵團擀成長片狀，鋪放糖漬蘋果片，捲成螺旋狀，將5個麵團由中心向外圍繞形成旋風狀。

◉ 最後發酵
30～32℃，75～85%，30～40分鐘。篩手粉，斜劃五道切口。

◉ 烘烤
200℃／170℃蒸氣3秒→2分鐘後蒸氣3秒，烤20～22分鐘。

| 作法 | METHOD |

預先準備　肉桂蘋果餡

01 蘋果丁拌炒至軟化,加入奶油、細砂糖拌炒至濃稠收汁。

02 將材料Ⓐ混合拌勻,加入炒軟的蘋果丁中拌煮至濃稠。

03 加入材料Ⓑ拌勻,完成肉桂蘋果餡。

糖漬蘋果片

04 水、蜂蜜拌勻煮沸,加入蘋果片(厚度0.2～0.3cm)浸泡。

05 冰鎮冷卻即可使用。

製作　攪拌麵團

06 將所有材料放入攪拌缸(奶油除外),用勾狀攪拌器,以 Ⓛ速→Ⓜ速攪拌至麵團呈厚膜。

延展麵團確認狀態　**厚膜狀**

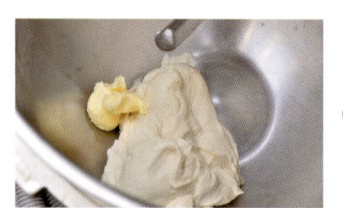

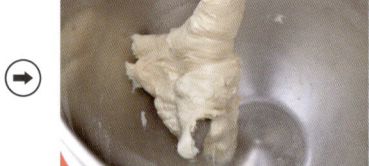

07 加入奶油,以Ⓛ速→Ⓜ速攪拌至奶油完全融合。

BREAD 5

08 麵團呈光滑、有延展性的完全擴展（呈薄膜）。

延展麵團確認狀態 **薄膜狀**

基本發酵

09 將麵團置於室溫基本發酵50～60分鐘。

分割、滾圓、中間鬆弛

10 麵團分割成50g×6個（共三組），滾圓，置於室溫鬆弛30分鐘。

整型

11 蘋果花芯。將麵團拍扁、對折成長條狀。

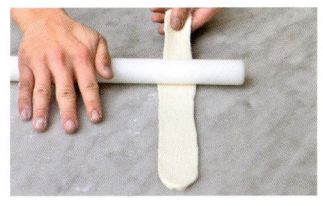

12 搓長後一手邊拉著麵團、一手邊延壓擀成長片、翻面。

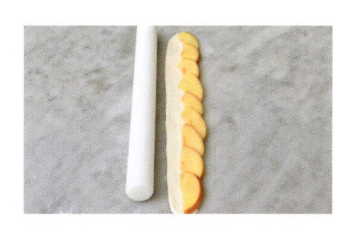

13 在一長側邊的1/2處，稍重疊的鋪放上糖漬蘋果片（蘋果皮面向外）。

14 再從對側拉起對折至蘋果片的1/2處。

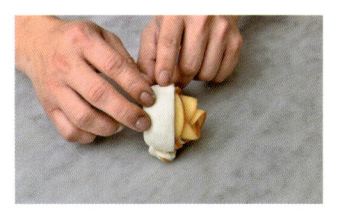

15 從下而上捲起至底，讓蘋果片形成錯落有致的漸層。

METHOD

16 形成螺旋狀花形。

17 花瓣麵團。將麵團拍長、翻面,在中間處放入20g肉桂蘋果餡。

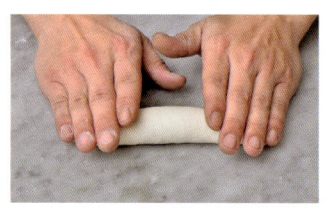

18 將上下兩側邊拉起,並沿著接合處緊密捏合,整型成橄欖型,捏緊左右兩端,輕滾動搓長修整形狀。

19 以蘋果花芯為中心,將5個麵團斜放圍繞,以相同方向依序將麵團壓放在前方麵團的底部,形成旋風狀的花朵造型,放置烤盤上。

最後發酵

20 置於發酵箱中(30~32℃,75~85%),最後發酵30~40分鐘。

21 表面篩撒上手粉,在外圍麵團的表面各斜劃一刀。

烘烤

22 以上火200℃／下火170℃蒸氣3秒,2分鐘後蒸氣3秒,烘烤20~22分鐘。

BREAD 5

11

STRAWBERRY AND PISTACHIO BREAD

歐式紅莓堅果

把魯邦種加入麵團，烘烤出順口的風味，做出Q彈輕盈的口感。搭配玫瑰花醬和草莓乾等甜味食材，平衡裸麥的特有味道，風味爽口不膩。麵團淡淡的酸味與化香、果乾香氣讓風味更加獨特。

| 份量 | 2個（400g） | 使用模型 | 圓型籐籃 SN4513 | 難易度 | ★★ |

材料　INGREDIENTS

麵團		配方	重量
A	法國麵粉	80%	400g
	全麥麵粉	10%	50g
	裸麥粉	10%	50g
	低糖酵母	0.5%	2.5g
	水	68%	340g
	麥芽精	0.3%	1.5g
	魯邦種 (P.36)	10%	50g
	鹽	2%	10g
B	玫瑰花醬	10%	50g
	甜菜根粉（紅麴粉）	1.5%	7.5g
	後加水	1.5%	7.5g
C	開心果	10%	50g
	草莓乾	15%	75g
	Total	218.8%	1094g

＊魯邦種也可使用等量的液種替代，風味有不同，不添加魯邦或液種也可以。

製作工序　PROCESS

◉ **攪拌麵團**
鹽之外的材料Ⓐ→ L →呈厚膜→↓鹽→ L →呈薄膜→↓材料Ⓑ→↓材料Ⓒ。麵團終溫22～23℃。

◉ **基本發酵、翻麵排氣**
室溫發酵45分鐘，翻麵3折2次，發酵45分鐘。

◉ **分割、滾圓、中間鬆弛**
分割400g，滾圓，室溫鬆弛30分鐘。

◉ **整型**
- 籐籃內篩撒裸麥粉。
- 麵團整型成圓球狀，收口朝上，放置籐籃、輕按壓。

◉ **最後發酵**
- 蓋發酵布，冷藏12～16小時。室溫回溫30分鐘。
- 30～32℃，75～85%，45～50分鐘。
- 倒扣烤焙紙，切劃紋路。

◉ **烘烤**
190～200℃／200℃蒸氣3秒→2分鐘後蒸氣3秒，烤25～28分鐘。

作法　METHOD

預先準備　使用模型

01　圓型籐籃ＳＮ４５１３，180mm×90mm。

製作　攪拌麵團

02　將材料Ⓐ（鹽除外）放入攪拌缸，用勾狀攪拌器，以L速攪拌至麵團呈厚膜，加入鹽攪拌至麵團呈光滑亮面，有延展性（延展開的表面呈薄膜），加入材料Ⓑ混合拌勻。

03　加入材料Ⓒ。麵團終溫22～23℃。

延展麵團確認狀態　**薄膜狀**

基本發酵、翻麵排氣

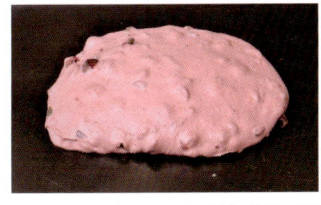

04　整理麵團，置於室溫基本發酵45分鐘。

05　將麵團翻麵3折2次，輕拍麵團、翻面，從近身側往前折成3折。

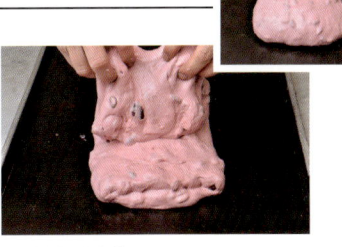

06　收合口朝底，輕拍排氣，轉向縱放，再重複1次從近身側往前折成3折的操作。

人氣口感・歐式麵包

METHOD

分割、滾圓、中間鬆弛

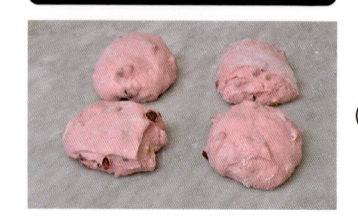

07　繼續發酵45分鐘。

08　麵團分割成400g×2個。將麵團從近身側往前對折。

09　轉向縱放,再往前折成3折,將麵團往中間聚攏收合,捏緊收合整圓。

10　置於室溫鬆弛30分鐘。

整型

11　用網篩在籐籃內篩滿裸麥粉。

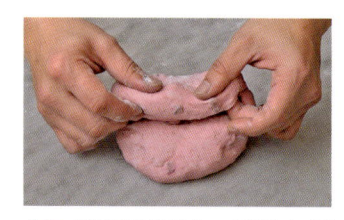

12　將麵團輕拍,從近身側往前折成3折。

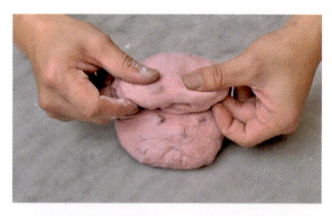

13　轉向縱放,再往前折成3折,均勻輕拍排除空氣,將麵團往中間聚攏收合,整圓。

14 將麵團確實捏緊收合成圓球狀。

15 將麵團收口朝上，放置籐籃中再輕輕按壓。

> **POINT**
> 輕按壓讓麵團稍緊貼籐籃，可讓底部的粉料更均勻的附著麵團表面。

最後發酵

16 將籐籃覆蓋上發酵布，並用塑膠袋包覆完整，冷藏12～16小時。

17 室溫回溫30分鐘，再移置發酵箱中（30～32℃，75～85%），最後發酵45～50分鐘。

18 將麵團倒扣在鋪好烤焙紙的孔洞烤盤上。

19 輕輕刷除表面多餘的裸麥粉。

20 用割紋刀在表面切割出十字型刀口，在十字刀口上擠入少許奶油。

烘烤

21 以上火190～200℃／下火200℃蒸氣3秒，2分鐘後蒸氣3秒，烘烤25～28分鐘。

> **POINT**
> 沒有籐籃的話，也可以直接整型成圓球狀後放在發酵布上，並用塑膠袋包覆完整，放冷藏發酵。隔天將麵團回溫後，移置到烤盤上，完成最後發酵，先在表面篩撒裸麥粉，再切割刀口。這樣做出來的麵包雖然沒有別致的籐籃紋路，但也別有一番的風情，這也是手作麵包的一大樂趣。

人氣口感・歐式麵包 | 101

12

TEA FLAVORED PEACH BREAD

茶香蜜桃歐包

這款麵包是2019年比賽時為國家特色麵包主題的設計，按比賽規定必須做出一款具有國家特色的麵包。當時反覆思考，添加什麼能有加乘效果，又能突顯我們國家獨到的特色產品？反覆測試了不同的果乾，最終找到了不論風味或顏色，都讓人為之驚艷的水蜜桃乾。本身就帶有豐盈果香的水蜜桃果乾，乾燥後果肉與香氣更加提升，加上荔枝酒的烘托滋味更有深度。

| 份量 | 2個 [外皮 140g / 主體 530g] | 使用模型 | 無 | 難易度 | ★★★ |

材料　INGREDIENTS

麵團	配方	重量
自我分解		
法國麵粉	40%	240g
魯邦種（P.36）	10%	60g
水	20%	120g
主麵團		
法國麵粉	60%	360g
鹽	1.8%	10.8g
蜂蜜	2%	12g
新鮮酵母	2%	12g
水	44%	264g
水蜜桃茶粉	0.8%	4.8g
A 水蜜桃乾	33%	198g
A 荔枝酒	3%	18g
A 核桃	15%	90g
Total	231.6%	1389.6g

裝飾麵皮　葉片

- A
  - 法國麵粉 150g
  - 裸麥粉 37.5g
  - 新鮮酵母 2.5g
  - 水 90g
  - 鹽 2.5g
- B 芝麻粉 .... 適量

製作工序　PROCESS

▶ **預先準備**
- **裝飾麵皮**。攪拌好的麵團冷藏10～15分鐘。擀成0.2cm厚度，冷藏冰硬，切割葉形沾芝麻粉冷藏備用。
- **自我分解**。材料攪拌均勻，冷藏12～16小時。

▶ **攪拌麵團**
自我分解、Ⓐ之外的主麵團材料→Ⓛ→Ⓜ→呈薄膜→取280g外皮麵團→剩餘麵團加材料Ⓐ→Ⓛ。麵團終溫24～25℃。

▶ **基本發酵、翻麵排氣**
外皮、主體麵團室溫發酵50分鐘；主體麵團翻麵3折2次，發酵30分鐘。

▶ **分割、滾圓、中間鬆弛**
分割140g外皮麵團，冷藏鬆弛。530g主體麵團，室溫鬆弛30分鐘。

▶ **整型**
- 外皮擀平，翻面。
- 主體麵團對折整成三角狀，收口朝上，放在外皮上，包覆成形。

▶ **最後發酵**
室溫發酵40～50分鐘。葉形麵皮背面切割紋路，上半葉緣薄刷油，下半葉緣噴水霧黏貼麵團底邊。

▶ **烘烤**
190～200℃／170℃ 蒸氣3秒→2分鐘後蒸氣3秒，烤38～40分鐘。

作法　METHOD

預先準備　裝飾麵皮

01 將材料Ⓐ，用勾狀攪拌器，以Ⓛ速攪拌均勻，冷藏鬆弛10～15分鐘，取出麵團擀平成厚0.2cm，冷藏冰硬依圖示割出葉形狀，表面沾裹芝麻粉冷藏備用。

自我分解

02 將所有材料放入攪拌缸，用勾狀攪拌器。

製作　攪拌麵團

03 以Ⓛ速攪拌均勻。取出，密封、拍扁，冷藏12～16小時。

04 將自我分解、其他材料放入攪拌缸（材料Ⓐ除外）。

05 用勾狀攪拌器，以Ⓛ速→Ⓜ速攪拌至麵團呈光滑亮面、有延展性（呈薄膜）。

延展麵團確認狀態　薄膜狀

06 取出280g外皮麵團，剩餘麵團加入事先浸泡的材料Ⓐ混合拌勻。麵團終溫24～25℃。

基本發酵、翻麵排氣

07 將外皮、主體麵團分別置於室溫發酵50分鐘。

08 將主體麵團翻麵3折2次。輕拍，從近身側往前折成3折。轉向縱放，再重複1次。

BREAD 5

104

09 從近身側往前折3折，繼續發酵30分鐘。

分割、滾圓、中間鬆弛

10 外皮麵團分割成140g×2個。輕拍後往前對折，轉向縱放，往前對折。

11 將麵團往中間聚攏收合，捏緊收合後整圓，冷藏鬆弛。

12 主體麵團分割成530g×2個。拍平翻面、往前對折。

13 轉向縱放，往前對折後往底部收合，整成圓球狀，置於室溫鬆弛30分鐘。

整型

14 主體麵團。將主體麵團往中間聚攏收合。

15 輕拍成中間稍厚周圍薄、翻面。

16 從三邊聚攏麵團，先固定中心接合口，再捏緊收合三邊，整成三角狀。

人氣口感・歐式麵包 | 105

METHOD

17 外皮麵團。將外皮麵團略拍扁擀平,翻面,使擀壓面朝下。

18 將作法❶收口朝上,放在擀平的外皮上,包覆住麵團,並沿著三側邊收合,收口捏緊。

最後發酵

19 發酵布上撒上高筋麵粉,將麵團收口朝下放在發酵布放上,覆蓋好,置於室溫最後發酵40~50分鐘。

20 在葉形裝飾麵皮的背面劃出紋路,前半2/3葉緣薄刷上橄欖油,後半1/3葉緣噴上水霧。

21 用擀麵棍再擀薄後半的1/3處。

22 黏貼底部兩側,並將葉緣往底貼緊,放置孔洞烤盤上。

23 表面放上紙型,篩上高筋麵粉。

烘烤

24 頂部兩側各斜劃三刀,底部兩側各斜劃一刀。

【裝飾用版型】
測量中心溫度達到96℃以上為標準。

25 以上火190~200℃/下火170℃蒸氣3秒,2分鐘後蒸氣3秒,烘烤38~40分鐘。

BREAD 5

106

13
MULTIGRAIN BREAD
五穀米麥麵包

展現五穀米麥純樸芳香的風味，搭配液種製製作，並加入多種穀物及堅果，增添風味又提升口感。在馥郁穀物麥香中，吃得到蜂蜜釋出的淡雅蜜香。由食材到工法，巧妙呼應，外酥脆、內豐軟，能美味地攝取膳食纖維的美味麵包。

| 份量 | 3個 | 外皮 100g / 主體 220g | 使用模型 | 無 | 難易度 | ★★★ |

材料 INGREDIENTS

麵團		配方	重量
液種			
全麥麵粉		10%	50g
高筋麵粉		10%	50g
水		20%	100g
新鮮酵母		0.2%	1g
主麵團			
A	高筋麵粉	80%	400g
	細砂糖	6%	30g
	鹽	1.8%	9g
	奶粉	3%	15g
	新鮮酵母	3%	15g
	水	45%	225g
	奶油	6%	30g
B	蜂蜜	3%	15g
	熟紫米	10%	50g
C	胚芽粉	2%	10g
	亞麻子	1.5%	7.5g
	黑芝麻	1.5%	7.5g
	白芝麻	1.5%	7.5g
核桃		12%	60g
	Total	216.5%	1082.5g

內餡用

蜜紅豆粒 105g
奶油乳酪 150g

製作工序 PROCESS

預先準備
- 混合拌勻蜂蜜、熟紫米。
- 用水浸泡材料Ⓒ。
- **液種**。將所有材料攪拌混合至無粉粒，室溫發酵90分鐘，再冷藏12小時熟成後使用。

攪拌麵團
液種、奶油之外的材料Ⓐ→ⓁⓂ→呈厚膜→↓奶油→ⓁⓂ→呈薄膜→取300g外皮麵團→剩餘麵團加材料Ⓑ→Ⓛ→↓材料Ⓒ→核桃。麵團終溫25～26℃。

基本發酵
外皮、主體麵團室溫發酵50分鐘。

分割、滾圓、中間鬆弛
分割100g外皮麵團。220g主體麵團，室溫鬆弛30分鐘。

整型
- 麵團包入蜜紅豆粒、奶油乳酪，整成圓球狀。
- 外皮擀成圓片狀，翻面，放上包餡麵團表面打結整型。

最後發酵
30～32℃，75～85%，40～50分鐘。

烘烤
200℃／170℃蒸氣3秒→2分鐘後蒸氣3秒，烤20～22分鐘。

作法 METHOD

預先準備 | 液種

01 液種參見P.34-35。

蜂蜜紫米

02 攪拌麵團前,將材料Ⓑ混合拌勻。

浸泡穀物

03 材料Ⓒ用水浸泡(淹蓋穀物的水量)至吸足水分,過濾出多餘的水分。

製作 | 攪拌麵團

04 將液種、材料Ⓐ(奶油除外)放入攪拌缸,用勾狀攪拌器,以L速→M速攪拌至麵團呈厚膜。

延展麵團確認狀態 **厚膜狀**

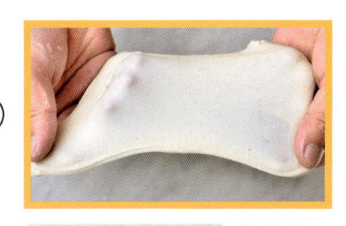

05 加入奶油,以L速→M速攪拌至麵團呈光滑亮面、有延展性。

延展麵團確認狀態 **薄膜狀**

06 取出300g外皮麵團,剩餘麵團加入拌勻的材料Ⓑ攪拌,再加入浸泡好的材料Ⓒ攪拌均勻。

人氣口感・歐式麵包 | 109

METHOD

07 最後加入核桃拌勻。麵團終溫25～26℃。

基本發酵

08 整理外皮、主體麵團,分別置於室溫基本發酵50分鐘。

分割、滾圓、中間鬆弛

09 外皮麵團分割成100g×3個,滾圓,置於室溫鬆弛30分鐘。

10 主體麵團分割成220g×3個,輕拍,從近身側往前捲折,轉向縱放,再重複1次往前捲折、收合於底,置於室溫鬆弛30分鐘。

整型

11 主體麵團。將主體麵團輕拍、翻面,分次鋪放上部分的蜜紅豆粒、奶油乳酪。

12 從前後兩側往中間折1/4,包覆內餡。

13 表面再鋪放上剩餘的內餡(內餡總重蜜紅豆粒35g、奶油乳酪50g),再從四周往內聚攏收合整圓,捏緊收合處整型成圓球狀。

BREAD 5

14 外皮。將外皮麵團擀成圓形片狀、翻面。

15 將**作法⓭**收口處朝下放在外皮上,並將兩側的麵皮往上拉,黏貼在麵團中心處。

16 將兩端稍按壓,用擀麵棍擀開兩端,延壓展開長度。

17 從兩端拉開,交錯旋轉一圈形成扭結。

18 再將尾端收於拉結底部,成型扭結包。

最後發酵

19 放入發酵箱中（30～32℃,75～85％）,最後發酵40～50分鐘。

20 篩撒上高筋麵粉（份量外）。

烘烤

21 以上火200℃／下火170℃蒸氣3秒,2分鐘後蒸氣3秒,烘烤20～22分鐘。

14
RED QUINOA BREAD
紅藜麥多穀物

為製作出美味的多穀物麵包，穀物的前置處理非常重要。直接將多穀物加入麵團攪拌時，麵團的水分會因被穀物吸收而變得乾硬。因此要將穀物與水浸泡，使其吸足水分，再使用，如此才能夠製作出質地良好的麵包。

份量 / 3個 [外皮100g / 主體315g]　使用模型 / 無　難易度 / ★★★

材料　INGREDIENTS

麵團		配方	重量
A	高筋麵粉	80%	400g
	全麥麵粉	10%	50g
	裸麥粉	10%	50g
	鹽	1.8%	9g
	細砂糖	6%	30g
	麥芽精	0.3%	1.5g
	水	68%	340g
	發酵麵種（P.35）	30%	150g
	新鮮酵母	3%	15g
奶油		3%	15g
熟紅藜麥		10%	50g
B	葵瓜子	3.5%	17.5g
	亞麻子	1%	5g
C	夏威夷豆	15%	75g
	蜜芋頭丁	10%	50g
	Total	251.6%	1258g

製作工序　PROCESS

▶ **預先準備**
材料Ⓑ先加水浸泡。

▶ **攪拌麵團**
- 材料Ⓐ→ⓁⓂ→呈厚膜→↓奶油→ⓁⓂ→呈薄膜→取300g原味麵團→剩餘麵團加熟紅藜麥→Ⓛ→↓加泡過水的材料Ⓑ。麵團終溫25～26℃。
- 加料麵團放上材料Ⓒ，以3折2次翻拌的方式將材料混合。

▶ **基本發酵、翻麵排氣**
外皮、主體麵團室溫發酵45分鐘；主體麵團，翻麵3折2次，延續發酵30分鐘。

▶ **分割、滾圓、中間鬆弛**
分割100g外皮麵團，冷藏鬆弛。分割315g主體麵團，室溫鬆弛30分鐘。

▶ **整型**
主體麵團整型成橄欖狀。外皮麵團擀平，放上主體麵團，包覆整型。

▶ **最後發酵**
- 室溫發酵40～50分鐘。
- 放上圖騰紙型，篩撒手粉，切割四刀。剪出四道刀口。

▶ **烘烤**
210℃／170℃蒸氣3秒→2分鐘後蒸氣3秒，烤28～30分鐘。

| 作法 | METHOD |

預先準備｜浸泡穀物堅果

01 材料Ⓑ攪拌前先用水浸泡後過濾使用。

製作｜攪拌麵團

02 將所有材料Ⓐ放入攪拌缸，用勾狀攪拌器，以Ⓛ→Ⓜ速攪拌至麵團呈厚膜階段。

延展麵團確認狀態 **厚膜狀**

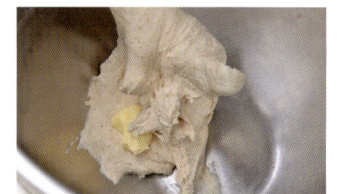

03 加入奶油，以Ⓛ速→Ⓜ速攪拌至麵團呈光滑、有延展性。

延展麵團確認狀態 **薄膜狀**

04 取出300g原味麵團（外皮用），剩餘麵團加入煮熟紅藜麥攪拌，加入泡水過的穀物混合拌勻（主體用）。麵團終溫25～26℃。

05 **主體麵團**。輕拍平整，鋪放材料Ⓒ，將近身側1/3往前折，另一側1/3往前折，拍平、翻面，使收口朝底。

BREAD 5

06 用刮板朝左右側交錯切割刀口（不切斷），並將切口兩側由外往內翻折，再從近身側往前折。

基本發酵、翻麵排氣

07 順勢折起，收合於底。

08 外皮麵團。整理外皮麵團，放置室溫基本發酵45分鐘。

09 主體麵團。主體麵團室溫基本發酵45分鐘，再輕拍、翻面，往前捲折至底。

10 轉向縱放，輕拍捲折收合於底。

分割、滾圓、中間鬆弛

11 置於室溫發酵30分鐘。

12 外皮麵團。分割成100g×3個，滾圓，冷藏鬆弛。

人氣口感・歐式麵包 | 115

METHOD

13 主體麵團。將主體麵團分割成315g×3個,輕拍壓除空氣、翻面,從近身側往前對折,轉向縱放,再對折,輕拍,翻面。

整型

14 將麵團往中間聚攏,捏緊收合整成圓球狀,放置室溫鬆弛30分鐘。

15 主體麵團。將主體麵團輕拍壓除空氣、翻面。

16 從近身側往前捲折,使其緊貼合,並往接口貼合處按壓使麵團鼓起。

17 輕滾動收合兩端成橄欖形。

18 外皮麵團。將外皮麵團擀平,翻面,將**作法⓱**收口朝上,放在麵皮上。

19 將兩側麵皮往中間拉起包覆，並沿著收合處、捏緊收合口。

最後發酵

20 將麵團收口朝下放入發酵布後，折成凹槽。

POINT
在底部烤盤的四邊角擺放3cm高的烤模架高。

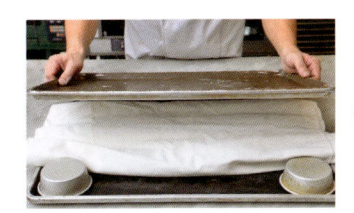

21 覆蓋發酵布，壓蓋上烤盤，置於室溫最後發酵40～50分鐘。

【發酵後】

22 在表面鋪放上圖騰紙型，篩撒上裸麥粉，用割紋刀在四邊切割切口。

【裝飾用圖騰】

烘烤

23 用剪刀在中間的上下兩側各剪出一刀口。

24 在左右兩側各剪出一刀口。

25 以上火210℃／下火170℃蒸氣3秒，2分鐘後蒸氣3秒，烘烤28～30分鐘。

人氣口感・歐式麵包 | 117

15
RYE BREAD
黑麥多果麵包

使用裸麥製成，麵團溫和的酸味突顯出果乾的甜味。由於傳統厚重的口感，較不符合一般人的口味，因此在保留既有樸實感的同時，利用發酵麵種來保持柔軟，與補足風味，並藉以縮短發酵的時間，讓完成的麵包香味馥郁，口感濕潤而且容易入口。此款麵團很適合搭配果乾及堅果。

| 份量 | 2個（900g） | 使用模型 | 無 | 難易度 | ★★★★ |

材料　INGREDIENTS

麵團		配方	重量
A	裸麥粉	100%	500g
A	熱水（95℃）	82%	410g
A	鹽	2.2%	11g
A	發酵麵種（P.35）	85%	425g
新鮮酵母		2%	10g
青提子		35%	175g
蔓越莓		35%	175g
藍莓乾		30%	150g
	Total	371.2%	1856g

製作工序　PROCESS

▶ 攪拌麵團
材料Ⓐ→ L →混合均勻，麵團溫度33～34℃→↓新鮮酵母→ L →↓所有果乾。麵團終溫32～32.5℃。

▶ 基本發酵
容器撒上裸麥粉，放入麵團拍壓平整，撒上裸麥粉，室溫發酵90分鐘。

▶ 分割、整型
分割900g，整型成圓柱狀，表面沾裹裸麥粉。

▶ 最後發酵
室溫發酵10分鐘。表面切割葉脈紋路，再發酵50～80分鐘。

▶ 烘烤
240～250℃／230～240℃蒸氣6秒→2分鐘後蒸氣6秒，烤45～50分鐘（測量中心溫度達到96℃以上為標準）。

作法 METHOD

製作 | 攪拌麵團

01 將材料Ⓐ放入攪拌缸，用勾狀攪拌器，以L速攪拌均勻，麵團溫度33～34℃。

02 加入新鮮酵母攪拌，混合均勻。

03 再加入所有的果乾混合拌勻。麵團終溫32～32.5℃。

基本發酵

04 將容器裡撒上裸麥粉，放入麵團。

05 用手按壓麵團使其緊密平整，表面再撒上裸麥粉。

POINT
將麵團按壓平整，發酵後可從表面的毛細孔現象作發酵狀態的判斷。

有毛細孔及裂痕

06 置於室溫基本發酵90分鐘。

POINT
以表面產生的細密毛氣孔，作為判斷是否完成基發的標準。

分割、整型

07 麵團分割成900g×2個。

BREAD 5

08 將麵團均勻輕拍平整,從近身側往前捲折收合於底。

09 再輕輕滾動麵團修整成長26cm的圓柱狀。

最後發酵

10 工作檯面上撒上大量的裸麥粉,將麵團反覆來回滾動沾裹上裸麥粉。

11 發酵布上撒裸麥粉,覆蓋發酵布,置於室溫最後發酵10分鐘。移置鋪上烤焙紙的孔洞烤盤上,在表面的直劃一刀,並就兩側斜線割劃上葉脈紋路。

> **POINT**
> 葉脈紋路7～8道。

烘烤

12 再繼續發酵50～80分鐘,共60～90分鐘。(以產生的細密毛氣孔作為判斷是否完成發酵的標準)。

13 以上火240～250℃／下火230～240℃蒸氣6秒,2分鐘後蒸氣6秒,烘烤45～50分鐘。

> **POINT**
> 確認判斷是否完全烤熟,可採用溫度計量測麵團中心溫度的方式加以判斷。測量的中心溫度以達到96℃以上為標準。

試試不同的吃法!

這款以黑麥(裸麥)添加大量果乾的黑麥多果麵包,主要是要讓人好好地品享充滿裸麥風味,以及濕潤豐美口感裡同時在口中緩緩擴散出來的果乾香甜。吃法上比較建議直接的品嘗原始的風味。但若是其他單純的黑麥麵包,就很適合用搭配食材做成開放式三明治食用。

人氣口感・歐式麵包 | 121

16
WHOLE WHEAT HONEY BREAD
全麥蜜香柑橘

使用大量的全麥麵粉與果乾，並且添加發酵麵種來發酵，增加麵團的風味，而為了更容易入口還添加了蜂蜜。麵包內裡的顏色呈現濃重的茶色，帶有潤澤口感；不僅能攝取到膳食纖維，還品嘗得到甘甜的美味麵包。是一款運用穀物纖維結合麵團概念，帶有滿滿膳食纖維成分的健康麵包。

| 份量 | 3個（370g） | 使用模型 | 無 | 難易度 | ★★ |

材料 INGREDIENTS

麵團		配方	重量
A	全麥麵粉	100%	500g
	水	75%	375g
	低糖酵母	0.4%	2g
	發酵麵種（P.35）	30%	150g
鹽		2%	10g
蜂蜜		0.3%	1.5g
橘皮丁		20%	100g
	Total	227.7%	1138.5g

製作工序 PROCESS

▶ 攪拌麵團
材料Ⓐ→ L →呈厚膜→↓鹽→ L →呈薄膜→↓蜂蜜、橘皮丁。麵團終溫24～25℃。

▶ 基本發酵
室溫發酵50分鐘。

▶ 分割、滾圓、中間鬆弛
分割370g，滾圓，室溫鬆弛30分鐘。

▶ 整型
・輕拍壓、翻面，整型成橄欖形。
・在左右兩側，切割對稱的刀口紋路，形成葉脈狀。

▶ 最後發酵
放發酵布，室溫發酵40～50分鐘。

▶ 烘烤
230℃／200℃蒸氣3秒→2分鐘後蒸氣3秒，烤25～28分鐘。

作法　METHOD

製作　攪拌麵團

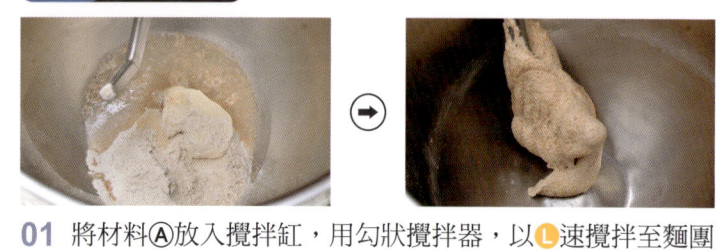

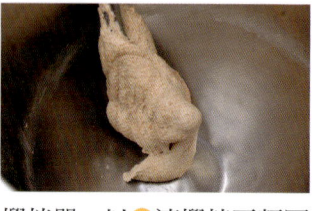

01 將材料Ⓐ放入攪拌缸，用勾狀攪拌器，以L速攪拌至麵團呈厚膜階段。

延展麵團確認狀態　**厚膜狀**

02 加入鹽，以L速攪拌至麵團呈光滑、有延展性（呈薄膜）。

延展麵團確認狀態　**薄膜狀**

03 加入蜂蜜攪拌，再加入橘皮丁混合拌勻。麵團終溫24～25℃。

基本發酵

04 整理麵團，放置室溫基本發酵50分鐘。

分割、滾圓、中間鬆弛

05 麵團分割成370g×3個，輕拍麵團、翻面後對折，轉向縱放再對折。將麵團往中間聚攏收合、捏折收合整圓。

06 滾動收合於底整成圓球狀,置於室溫鬆弛30分鐘。

整型

07 將麵團輕拍成四方狀。

08 翻面,底部稍延展,從近身側往前捲至底,收合處朝底。

09 輕滾動修整兩側整成橄欖形。

10 收口朝下,放在發酵布並將發酵布折成凹槽狀。

最後發酵

11 用割紋刀在表面的左右兩側,割割對稱的五道刀口紋路,形成葉脈狀。

12 覆蓋發酵布,置於室溫最後發酵40～50分鐘,移置鋪好烤焙紙的孔洞烤盤上。

烘烤

13 以上火230℃／下火200℃蒸氣3秒,2分鐘後蒸氣3秒,烘烤25～28分鐘。

人氣口感・歐式麵包 | 125

17
CIABATTA
巧巴達

Ciabatta的義大利語是拖鞋的意思。由於扁平四方形的外觀、大小與拖鞋類似,因而有這個稱呼。巧巴達以水含量高、口感濕潤為特色,風味上與另一款的義式麵包(佛卡夏)相似,可單吃,也能搭配料,像是沾佐橄欖油食用,或夾入喜好的配料做成三明治,或搭配沙沙醬等都很適合。

| 份量 | 4個（300g） | 使用模型 | 無 | 難易度 | ★★★ |

材料　INGREDIENTS

麵團		配方	重量
A	法國麵粉	100%	500g
	低糖酵母	0.5%	2.5g
	水	70%	350g
	麥芽精	0.3%	1.5g
	魯邦種 (P.36)	10%	50g
	鹽	2%	10g
B	義大利香料	0.3%	1.5g
	新鮮洋蔥絲	6%	30g
	黑胡椒	0.3%	1.5g
C	九層塔	5%	25g
	黃甜椒	12%	60g
	紅甜椒	12%	60g
	起司絲	15%	75g
	德式脆腸	15%	75g
	Total	248.4%	1242g

＊魯邦種也可使用等量的液種替代，風味有不同；不添加魯邦或液種也可以。

製作工序　PROCESS

● **攪拌麵團**
鹽之外的材料Ⓐ→ Ⓛ →呈厚膜→↓鹽→ Ⓛ →呈薄膜→↓材料Ⓑ拍平，撒上黑胡椒，分兩次鋪放1/2材料Ⓒ，再重複1次3折。麵團終溫22～23℃。

● **基本發酵、翻麵排氣**
室溫發酵60分鐘，分兩次鋪放剩餘1/2材料Ⓒ，3折2次，發酵60分鐘。

● **分割、整型**
分割300g，輕拍平整，整成四方狀。

● **最後發酵**
室溫發酵30～40分鐘。篩撒手粉。

● **烘烤**
220℃／200℃ 蒸氣3秒→2分鐘後蒸氣3秒，烤25～28分鐘。

作法 METHOD

製作 攪拌麵團

01 麵團攪拌作法參見P.62-66波爾多皇冠作法2-3。麵團終溫22～23℃。

02 加入材料Ⓑ攪拌混合均勻。

03 取出麵團輕拍延展成四方形,撒上黑胡椒,鋪放上1/4量的材料Ⓒ,從近身側往前折成3折。

04 轉向縱放,輕拍均勻,再撒上黑胡椒,鋪放剩餘1/4量的材料Ⓒ,重複往前折3折的操作。利用折疊的方式混合材料。

基本發酵、翻麵排氣

05 麵團終溫22～23℃。

06 整理麵團,置於室溫基本發酵60分鐘。

07 將麵團翻麵3折2次。輕拍成四方形。

BREAD 5

08 撒上黑胡椒，鋪放上1/4量的材料Ⓒ，從近身側往前折成3折。

09 輕拍均勻，撒上黑胡椒，鋪放上剩餘1/4量的材料Ⓒ，重複往前折3折的操作，繼續發酵60分鐘。

分割、整型

10 將麵團輕拍平整，用切麵刀從中央十字分割成300g×4個。

最後發酵

11 將麵團沾粉、底部朝上放入，撒上手粉的發酵布。

12 將發酵布折成凹槽狀，覆蓋發酵布，置於室溫最後發酵30～40分鐘。

13 將表面沾上手粉（沾裹或篩撒麵粉呈現自然的色澤），排放鋪好烤焙紙的孔洞烤盤上。

烘烤

14 以上火220℃／下火200℃蒸氣3秒，2分鐘後蒸氣3秒，烘烤25～28分鐘。

18
SPIRAL BREAD
扭紋螺旋麵包

將麵團搓揉成棒狀,加以扭轉後烘烤而成。麵團經過扭轉,可以做出內層豐厚飽滿的口感,也因為外皮較薄,可以吃得到酥脆的口感。麵團裡可添加其他配料,像是果乾、果泥,不但能做不同的變化,而且豐潤的滋味裡還可以品嘗到果味的香甜,整體的風味更有層次。除了果乾,這款麵團也非常適合添加其他甜味食材與堅果,像是巧克力、核桃等。

| 份量 | 6個（240g） | 使用模型 | 無 | 難易度 | ★★★ |

材料 INGREDIENTS

麵團		配方	重量
液種			
法國麵粉		40%	200g
低糖酵母		0.05%	0.25g
水		40%	200g
自我分解			
法國麵粉		35%	175g
水		14%	70g
魯邦種 (P.36)		10%	50g
主麵團			
A	法國麵粉	25%	125g
A	低糖酵母	0.45%	2.25g
A	水	9%	45g
A	麥芽精	0.3%	1.5g
A	鹽	2%	10g
B	藍莓果泥	6%	30g
B	紅麴粉（甜菜根粉）	3%	15g
C	白蘭地	5%	25g
C	藍莓乾	16%	80g
C	杏桃乾	40%	200g
C	蔓越莓	16%	80g
C	青堤子	16%	80g
C	核桃	16%	80g
	Total	293.8%	1469g

製作工序 PROCESS

◉ **預先準備**
- **液種**。將所有材料攪拌混合至無粉粒，16～18℃環境發酵16～18小時。
- **自我分解**。材料攪拌均勻，冷藏12～16小時。
- **酒漬果乾**。材料Ⓒ拌勻浸泡。

◉ **攪拌麵團**
液種、自我分解、主麵團材料Ⓐ（鹽之外）→ Ⓛ →呈厚膜→↓鹽→ Ⓛ →呈薄膜→↓材料Ⓑ。麵團終溫22～23℃。

◉ **基本發酵、翻麵排氣**
室溫發酵50分鐘，分次鋪放2/3材料Ⓒ、鋪放1/3材料Ⓒ，做3折2次的折疊混拌，發酵30分鐘。

◉ **分割、整型**
分割240g。輕拍平整，搓動扭轉成螺旋長條狀。

◉ **最後發酵**
放發酵布，室溫發酵30～40分鐘。

◉ **烘烤**
190～200℃／200℃蒸氣3秒→2分鐘後蒸氣3秒，烤18～20分鐘。

| 作法 | METHOD

預先準備　液種

01 液種的作法參見P.48-52法國長棍杖作法1-2。

自我分解

02 自我分解的作法參見P.48-52法國長棍作法3。

酒漬果乾

03 將所有材料Ⓒ拌勻浸漬入味。

製作　攪拌麵團

04 將液種、自我分解、主麵團材料Ⓐ（鹽除外）放入攪拌缸用勾狀攪拌器，以Ⓛ速攪拌至麵團呈厚膜，加入鹽攪拌至麵團呈光滑亮面，有延展性麵團呈薄膜，加入材料Ⓑ攪拌均勻。

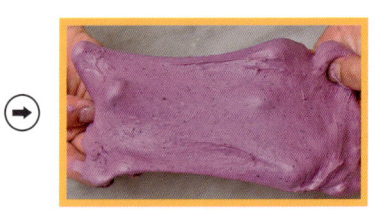

延展麵團確認狀態　**薄膜狀**

基本發酵、翻麵排氣

05 整理麵團，置於室溫基本發酵50分鐘。

06 利用折疊的方式混合材料。將麵團輕拍延展成四方形，鋪放上2/3量的材料Ⓒ。

07 從近身側往前折成3折。

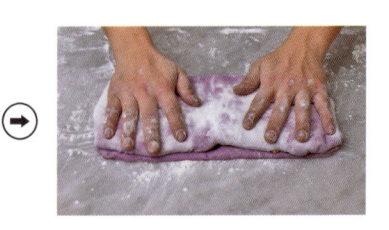

08 轉向縱放、輕拍。

| 底部預留 |

09 再鋪放上1/3量的材料ⓒ，重複往前折成3折的操作。

10 完成材料混合的操作，繼續發酵30分鐘。

【發酵後】

| 分割、整型 |

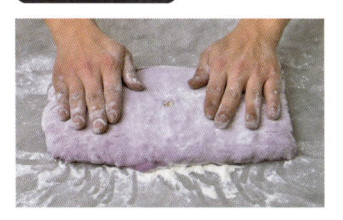

11 沾上手粉拍平（切面避免沾粉，烘烤後紋路才會明顯），分割成240g×6個。

12 從兩側扭轉麵團，形成扭轉的螺旋條狀。

| 最後發酵 |

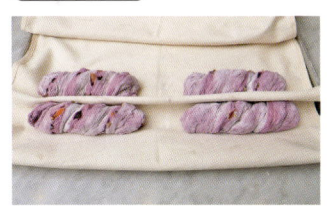

13 放入麵團後折成凹槽狀，覆蓋發酵布，置於室溫最後發酵30～40分鐘。

【發酵後】

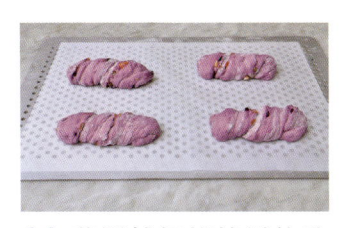

14 移置鋪好烤焙紙的孔洞烤盤上。

| 烘烤 |

15 以上火190℃／下火200℃蒸氣3秒，2分鐘後蒸氣3秒，烘烤18～20分鐘。

人氣口感・歐式麵包 | 133

19
FOCACCIA
陽光番茄佛卡夏

扁平狀的佛卡夏（Focaccia）有披薩的原型之稱，其配料就如同披薩的多變化，幾乎沒有任何的局限。口感方面，質地厚實柔軟，較披薩更具彈性且能吸附橄欖油，因此也被稱為橄欖油麵包。在麵團裡面加入馬鈴薯泥，讓風味更加深邃，同時也提升了濕潤口感；表面淋上橄欖油，則提高了酥脆感。

| 份量 | 1個（900g） | 使用模型 | 方型模 | 難易度 | ★★★ |

製作工序 PROCESS

◉ **預先準備**
- **薯泥**。馬鈴薯煮熟壓成泥，包覆好，冷藏。

◉ **攪拌麵團**
橄欖油之外材料→LM→呈厚膜→↓橄欖油→LM→呈薄膜。麵團終溫23〜24℃。

◉ **基本發酵**
室溫發酵30分鐘。

◉ **分割、滾圓、冷藏隔夜**
分割900g，滾圓，冷藏12〜16小時。

◉ **整型**
烤盤刷油。將麵團擀成和烤盤同樣的大小。

◉ **最後發酵**
- 30〜32℃，75〜85%，80〜90分鐘。
- 塗刷橄欖油，鋪放黑、綠橄欖、油漬番茄、起司、洋蔥，撒上海鹽、義大利香料。

◉ **烘烤、完工裝飾**
- 220℃／200℃蒸氣3秒→2分鐘後蒸氣3秒，烤18〜20分鐘。
- 刷上橄欖油，用迷迭香點綴。

材料 INGREDIENTS

麵團	配方	重量
法國麵粉	95%	475g
全麥麵粉	5%	25g
細砂糖	5%	25g
鹽	2.2%	11g
低糖酵母	0.5%	2.5g
魯邦種 (P.36)	10%	50g
水	55%	275g
薯泥	5%	25g
橄欖油	10%	50g
Total	187.7%	938.5g

＊魯邦種可使用等量的液種代替，風味有不同；不添加魯邦種或液種也可以。

表面／裝飾用

綠、黑橄欖、油漬番茄
洋蔥（切條）
義大利香料、新鮮迷迭香
莫札瑞拉起司、橄欖油、海鹽

作法　METHOD

預先準備　使用模型

01　方型模，25cm×35cm。

製作　攪拌麵團

02　將材料（橄欖油除外）放入攪拌缸，用勾狀攪拌器，以 L 速→M 速攪拌至麵團呈厚膜。分次加入橄欖油攪拌。

03　攪拌至麵團呈光滑亮面，有延展性（延展開的表面呈薄膜）。麵團終溫23～24℃。

基本發酵

04　將麵團整理，置於室溫基本發酵30分鐘。

分割、滾圓、冷藏隔夜

05　麵團分割成900g×1個，滾圓，密封包覆，冷藏12～16小時，並於24小時內使用完畢。

整型

06　將烤盤四周及內壁均勻塗刷上橄欖油。

07　將麵團抹上橄欖油，沿著四周延展、拍壓，成同烤盤的大小，翻面。

最後發酵

08　放烤盤內，置於發酵箱（30～32℃，75～85%），最後發酵80～90分鐘。

09　將表面均勻的塗刷上橄欖油。

10　相間隔的壓入黑橄欖、綠橄欖。再壓入油漬番茄、莫札瑞拉起司，最後放上洋蔥，撒上海鹽、義大利香料。

烘烤、完工裝飾

11　以上火220℃／下火200℃蒸氣3秒，2分鐘後蒸氣3秒，烘烤18～20分鐘。塗刷橄欖油，撒迷迭香。

20
PIZZA

芋見櫻桃鴨披薩

不同一般披薩皮的製作，這裡的麵團是採用低溫冷藏熟成的方式。此法的優點是可提前做好冷藏備用，需要時取出，將麵團回溫後即可烘烤。另外，值得一提的就是，冷凍的呈現方式；將披薩麵皮烤好冷卻，藉由真空冷凍保存，準備好熟食的配料，想吃的時候，取出用氣炸鍋加熱或烤箱烘烤，即可隨時享用，省時又方便，如同現點現烤的概念。

| 份量 | 5個（180g） | 使用模型 | 無 | 難易度 | ★★★ |

材料　INGREDIENTS

麵團

麵團	配方	重量
法國麵粉	95％	475g
全麥麵粉	5％	25g
細砂糖	5％	25g
鹽	2.2％	11g
低糖酵母	0.5％	2.5g
魯邦種（P. 36）	10％	50g
水	55％	275g
薯泥	5％	25g
橄欖油	10％	50g
Total	187.7％	938.5g

＊魯邦種可使用等量的液種代替，風味有不同；不添加魯邦種或液種也可以。

三色菇配料

杏鮑菇	50g
金針菇	50g
鴻喜菇	50g
橄欖油	7.5g
鹽	0.25g
黑胡椒	0.25g

彩椒配料

青椒	50g
紅甜椒	50g
黃甜椒	50g
鹽	0.5g
黑胡椒	0.5g
橄欖油	5g

表面／裝飾用（每份量）

市售紅醬	35～40g
蒜苗絲	16g
三色菇配料	40g
彩椒配料	15g
鴨肉	55g
市售芋泥餡	70g
起司絲	65g
黑胡椒	適量
起司粉	適量

製作工序　PROCESS

▶ **預先準備**
- **薯泥**。馬鈴薯煮熟壓成泥，包好，冷藏。
- **三色菇配料**。菇類燙煮過與其他材料拌勻。
- **彩椒配料**。材料混拌，用烤箱烤過。

▶ **攪拌麵團**
橄欖油之外材料→LM→呈厚膜→↓
橄欖油→LM→呈薄膜。麵團終溫23～24℃。

▶ **基本發酵**
室溫發酵30分鐘。

▶ **分割、滾圓、冷藏隔夜**
分割180g，滾圓，冷藏12～16小時。

▶ **整型**
室溫回溫30分鐘。稍滾圓後擀成厚0.4cm，6吋圓形片。

▶ **烘烤、完工裝飾**
- 260℃／250℃，烤5～7分鐘。
- 抹上紅醬，放上配料及其他表面用材料。
- 230℃／170～180℃，烤7～8分鐘。

作法　METHOD

預先準備　三色菇配料

01 杏鮑菇切條狀。將所有菇類用沸水煮過，瀝乾水分，加入其他調味料拌勻。

彩椒配料

02 三種椒類切絲。將所有材料混合拌勻，平鋪烤盤中，以上火250℃／下火250℃烘烤3～4分鐘。

製作　攪拌麵團

03 參見P.134-136陽光番茄佛卡夏的作法2-4要領製作麵團、基本發酵。

分割、滾圓、冷藏隔夜

04 麵團分割成180g×5個，滾圓，密封包覆，冷藏12～16小時，並於24小時內使用完畢。

整型

05 麵團置於室溫回溫30分鐘，拍扁。

06 麵團擀平成厚0.4cm，直徑19cm的圓形大小。

07 用針車輪在表面均勻戳出孔洞，使麵團烘烤時膨脹均勻。

烘烤、完工裝飾

08 以上火260℃／下火250℃，烘烤5～7分鐘。

09 在烤好的麵皮表面抹上紅醬，依序鋪放其他配料。

10 撒上起司絲、黑胡椒、起司粉、芋泥餡。

11 以上火230℃／下火170～180℃，烘烤7～8分鐘。

人氣口感・歐式麵包　| 139

21
CHEESE BAGEL
日光乳酪貝果

有別於將食材加入麵團或包入貝果內餡,而是利用食材的特性,以更直接而明確的呈現,讓人感受濃濃起司的風味。不論是直接吃,享受起司在口中的芳香餘韻,或切開後夾入配料,做成輕食三明治,都別有風味。

| 份量 | 8個（100g） | 使用模型 | 無 | 難易度 | ★ |

材料　INGREDIENTS

麵團	配方	重量
液種		
全麥麵粉	10%	50g
法國麵粉	10%	50g
水	20%	100g
新鮮酵母	0.3%	1.5g
主麵團		
高筋麵粉	80%	400g
細砂糖	4%	20g
鹽	1.6%	8g
奶粉	2%	10g
水	35%	175g
新鮮酵母	1.8%	9g
奶油	4%	20g
Total	168.7%	843.5g

汆燙用糖水

水.................................1000g
麥芽精.............................10g
細砂糖.............................30g

表面／夾層用

A	艾曼塔起司（Emmental）
B	**松露時蔬** 蘑菇、杏鮑菇、美白菇、鴻喜菇、青椒、紅甜椒、橄欖油、黑胡椒、海鹽、松露醬
C	**炒蛋** 雞蛋4個、鮮奶油50g、鹽少許
D	生菜適量

製作工序　PROCESS

▶ **預先準備**
- **液種**。將材料攪拌混合，室溫發酵90分鐘，再冷藏12～16小時。

▶ **攪拌麵團**
液種、主麵團所有材料→ⓛⓜ→呈厚膜。麵團終溫25～26℃。

▶ **分割、冷藏鬆弛**
分割100g，滾圓，冷藏鬆弛20～30分鐘。

▶ **整型**
擀平捲成長條狀，整型成環狀。

▶ **最後發酵、汆燙**
- 30～32℃，75～85%，30分鐘。
- 汆燙用糖水煮沸，麵團兩面汆燙15秒，瀝乾水分，鋪放上起司片。

▶ **烘烤、完工裝飾**
- 190～200℃／170℃，烤16～18分鐘。
- 炒蛋、烤時蔬。貝果橫剖夾入生菜及配料。

作法　METHOD

預先準備　液種

01 液種作法參見P.34-35。

製作　攪拌麵團

02 將液種、所有材料放入攪拌缸，用勾狀攪拌器，以 L 速→ M 速攪拌至麵團呈厚膜。麵團終溫25～26℃。

延展麵團確認狀態　厚膜狀

分割、冷藏鬆弛

03 麵團不需基本發酵，直接分割成100g×8個，用虎口處輕搓滾動成圓球狀。

04 覆蓋好，冷藏鬆弛20～30分鐘。

整型

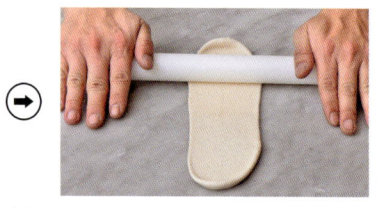

05 將麵團搓揉滾長，擀成長條狀26cm、翻面。

06 從前側長邊捲緊，輕輕向下捲起至底，用手掌底部按壓使其密合，延展搓長整型。

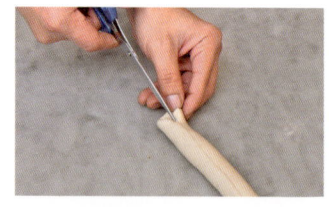

07 將麵團的其中一端稍剪開。

BREAD 5

08 從剪開的刀口處，向兩邊撐開，繞圈，將扁平的麵團覆蓋在另一端的麵團上，使兩端黏接密合，收口處捏緊。

最後發酵

09 放入發酵箱中（30～32℃，75～85%），最後發酵30分鐘。

汆燙

10 汆燙用糖水。將所有材料混合拌勻，加熱煮至沸騰。

11 將麵團放入熱水中，正反面分別汆燙15秒，用篩網撈起瀝乾水分。

烘烤、完工組合

12 在表面鋪放上起司片。

13 以上火190～200℃／下火170℃，烘烤16～18分鐘。

14 炒蛋。炒鍋熱油，倒入拌勻的蛋液、鮮奶油炒熟。

15 松露時蔬。將所有蔬材處理好，加入橄欖油、黑胡椒、海鹽拌勻，用上下火250℃，烘烤3～4分鐘，濾乾水分後與松露醬拌勻。

16 貝果橫剖切開，依序鋪放生菜葉、炒蛋、松露時蔬即可。

22
PEELED CHILI & CHEESE BAGEL
剝皮辣椒起司貝果

風味溫和的麵團，加上充滿存在感的起司、剝皮辣椒、德式香腸，搭配出滋味絕妙的貝果。嚼勁十足，內餡及表層滿滿的配料，不管從哪裡入口，都能吃得到顆粒感的餡料，滿口的濃郁芳香。香氣和彈牙的嚼勁之外，特色亮點就在食材彼此間交織出的協調風味。

| 份量 | 8個（100g） | 使用模型 | 無 | 難易度 | ★ |

材料　INGREDIENTS

麵團	配方	重量
液種		
全麥麵粉	10%	50g
法國麵粉	10%	50g
水	20%	100g
新鮮酵母	0.3%	1.5g
主麵團		
高筋麵粉	80%	400g
細砂糖	4%	20g
鹽	1.6%	8g
奶粉	2%	10g
水	35%	175g
新鮮酵母	1.8%	9g
奶油	4%	20g
Total	168.7%	843.5g

內餡用
剝皮辣椒 120g
高熔點起司丁 .. 48g
德式脆腸丁 160g
黑胡椒 .... 適量

汆燙用糖水
水 1000g
麥芽精 10g
細砂糖 30g

製作工序　PROCESS

▶ **預先準備**
- **液種**。將材料攪拌混合至無粉粒，室溫發酵90分鐘，再冷藏12～16小時。

▶ **攪拌麵團**
液種、主麵團材料→L M→呈厚膜。麵團終溫25～26℃。

▶ **分割、冷藏鬆弛**
分割100g，滾圓，冷藏鬆弛20～30分鐘。

▶ **整型**
擀平，鋪放15g剝皮辣椒、6g起司丁、20g德式脆腸丁、黑胡椒包捲成長條狀，整型成環狀。

▶ **最後發酵、汆燙**
- 30～32℃，75～85%，30分鐘。
- 汆燙用糖水煮沸，麵團兩面汆燙15秒，瀝乾水分，撒上剝皮辣椒丁、起司絲。

▶ **烘烤**
190～200℃／170℃，烤16～18分鐘。

| 作法 | METHOD |

製作　攪拌麵團、整型

01 參見P.140-143日光乳酪貝果的作法1-5要領製作麵團、整型。

02 兩端稍預留，中間處鋪放上15g剝皮辣椒、6g高熔點起司丁、20g德式脆腸丁、黑胡椒。

03 從前側長邊捲緊，輕輕向下捲起至底。

04 用手掌底部按壓使其密合，延展搓長整型。

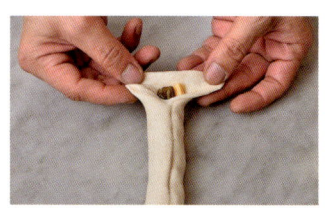

05 將麵團的其中一端稍剪開後向兩邊撐開。

06 繞圈，將扁平的麵團覆蓋在另一端的麵團上，將兩端黏接密合，收口處捏緊。

最後發酵、汆燙

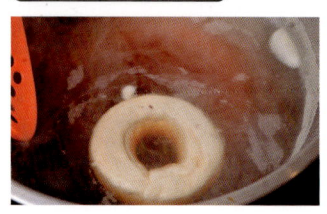

07 參見P.140-143日光乳酪貝果的作法9-11要領發酵、汆燙。

08 表面再放上剝皮辣椒丁、撒上起司絲。

烘烤

09 以上火190～200℃／下火170℃，烘烤16～18分鐘。

23

BLUEBERRY BAGEL
日安藍莓藏心貝果

利用長時間發酵方式將麵粉的甘甜提引出來。麵團水煮時的原則，就是稍微燙煮一下即可，煮太久的話，麵團表層就會變皺，所以正反面各煮15秒左右就好，就能讓外層充滿光澤。Q彈，口感獨特，表層紫薯酥皮不僅增添風味，也帶出別有的芳香酥脆。

| 份量 | 8個（100g） | 使用模型 | 無 | 難易度 | ★ |

材料 INGREDIENTS

麵團	配方	重量
液種		
全麥麵粉	10%	50g
法國麵粉	10%	50g
水	20%	100g
新鮮酵母	0.3%	1.5g
主麵團		
高筋麵粉	80%	400g
細砂糖	4%	20g
鹽	1.6%	8g
奶粉	2%	10g
水	35%	175g
新鮮酵母	1.8%	9g
奶油	4%	20g
Total	168.7%	843.5g

內餡 藍莓乳酪餡
- 奶油乳酪 224g
- 糖粉（過篩） 11.2g
- 藍莓果泥 16g
- 蔓越莓乾 16g
- 藍莓乾 16g

表面 紫薯酥皮粉
- 奶油 56.5g
- 細砂糖 37.5g
- 低筋麵粉 94g
- 紫薯粉 27.5g

裝飾 甜乳酪餡
- 奶油乳酪 100g
- 糖粉（過篩）.. 10g
- 鮮奶油 10g

氽燙用糖水
- 水 1000g
- 麥芽精 10g
- 細砂糖 30g

製作工序 PROCESS

▶ **預先準備**
- **藍莓乳酪餡**。奶油乳酪、糖粉攪拌成乳霜狀，加入其他材料拌勻。
- **紫薯酥皮粉**。奶油、細砂糖攪拌成乳霜狀，加入過篩粉類拌勻至無顆粒。
- **甜乳酪餡**。奶油乳酪、糖粉攪拌成乳霜狀，加入鮮奶油拌勻。
- **液種**。將材料攪拌混合，室溫發酵90分鐘，再冷藏12～16小時。

▶ **攪拌麵團**
液種、主麵團材料→ L M →呈厚膜。麵團終溫25～26℃。

▶ **分割、冷藏鬆弛**
分割100g，滾圓，冷藏鬆弛20～30分鐘。

▶ **整型**
擀平，擠入30g藍莓乳酪餡包捲成長條狀，整型成環狀。

▶ **最後發酵、氽燙**
- 30～32℃，75～85%，30分鐘。
- 氽燙用糖水煮沸，麵團兩面氽燙15秒，瀝乾水分，沾裹紫薯酥皮粉，用甜乳酪餡擠出花紋。

▶ **烘烤**
180～190℃／170℃，烤16～18分鐘。

| 作法 | METHOD |

預先準備　藍莓乳酪餡

01 將軟化的奶油乳酪、糖粉攪拌至成乳霜狀,加入其他材料混合拌勻。

紫薯酥皮粉

02 將軟化的奶油、細砂糖攪拌至成乳霜狀,加入混合過篩的粉類拌勻至無粉粒。

甜乳酪餡

03 將軟化的奶油乳酪、糖粉攪拌至成乳霜狀,加入鮮奶油攪拌均勻。

製作　攪拌麵團、整型

04 參見P.140-143日光乳酪貝果的作法1-5要領製作麵團、整型。

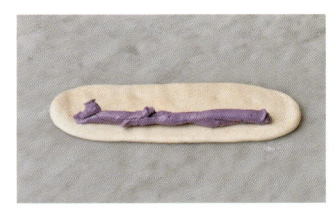

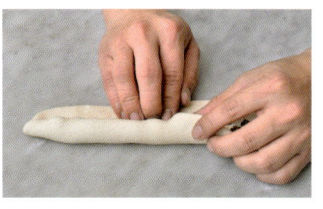

05 兩端稍預留,中間擠入30g藍莓乳酪餡,從前側長邊捲緊,輕輕向下捲起至底。

06 用手掌底部按壓使其密合,延展搓長整型。

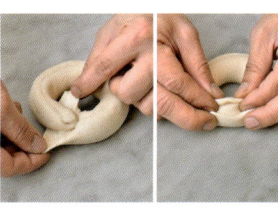

07 將麵團的其中一端稍剪開後向兩邊撐開,繞圈,將扁平的麵團覆蓋在另一端的麵團上,將兩端黏接密合,收口處捏緊。

最後發酵、汆燙

08 參見P.140-143日光乳酪貝果的作法9-11要領最後發酵、汆燙。表面沾裹上紫薯酥皮粉,用甜乳酪餡擠出花紋。

烘烤

09 以上火180～190℃／下火170℃,烘烤16～18分鐘。

人氣口感・歐式麵包　149

24
DUTCH BREAD
虎紋脆皮麵包

虎皮麵包也稱荷蘭麵包，此種麵包以表層帶有美麗如虎斑的裂紋為著稱。虎斑狀的美麗裂紋，是將米粉發酵成麵糊，塗布在麵團表面，經由高溫烘烤後麵糊裂開，形成不規則的獨特裂紋。烤至焦香的表皮，帶出強烈的視覺與口感；焦香的裂紋表層，不只營造出特別的外觀，酥脆的口感更增添不同的層次風味！

| 份量 | 5個（200g） | 使用模型 | 無 | 難易度 | ★★★ |

材料　INGREDIENTS

麵團		配方	重量
液種			
全麥麵粉		10%	50g
高筋麵粉		10%	50g
水		20%	100g
新鮮酵母		0.2%	1g
主麵團			
A	高筋麵粉	80%	400g
	細砂糖	6%	30g
	鹽	1.8%	9g
	奶粉	3%	15g
	新鮮酵母	3%	15g
	水	45%	225g
	奶油	6%	30g
B	即溶咖啡粉	1%	5g
	貝里詩奶酒	3%	15g
葡萄乾		20%	100g
	Total	209%	1045g

表面　虎皮麵糊

A　水.............................130g
　　新鮮酵母.................22.5g
　　液態油......................24g
B　在來米粉..................130g
　　高筋麵粉..................24g
　　細砂糖......................15g
　　鹽...............................4g
後加水..............................5g

內餡用

水滴巧克力......................75g

製作工序　PROCESS

◆ **預先準備**
　・**虎皮麵糊**。材料Ⓐ拌勻，加入其他材料（後加水除外）混合拌勻，室溫發酵60〜90分鐘。
　・**液種**。將所有材料攪拌混合均勻，室溫發酵90分鐘，再冷藏12小時熟成後使用。

◆ **攪拌麵團**
全麥液種、材料Ⓐ（奶油除外）→ Ⓛ → Ⓜ → 呈厚膜→ ↓奶油→ ⓁⓂ → 呈薄膜→ ↓材料Ⓑ→ Ⓛ → ↓葡萄乾。麵團終溫25〜26℃。

◆ **基本發酵**
麵團室溫發酵50分鐘。

◆ **分割、滾圓、中間鬆弛**
分割200g，滾圓，室溫鬆弛30分鐘。

◆ **整型**
麵團包入水滴巧克力，整成圓球狀。收口朝下放置烤盤。

◆ **最後發酵**
　・30〜32℃，75〜85%，30〜40分鐘。
　・抹上虎皮麵糊。

◆ **烘烤**
210〜220℃／180℃ 蒸氣3秒→2分鐘後蒸氣3秒，烤18〜20分鐘。

作法 METHOD

預先準備　虎皮麵糊

01 將材料Ⓐ攪拌溶化，加入其他材料Ⓑ攪拌混合均勻至無粉粒。

02 置於室溫25～27℃靜置發酵60～90分鐘。

|適中軟硬度|

03 待表面產生許多的毛孔般的細泡，加入後加水調整軟硬度（後加水是用來調整軟硬度使用）。

液種

04 液種作法參見P.34-35。

製作　攪拌麵團

05 將液種、材料Ⓐ（奶油除外）放入攪拌缸，用勾狀攪拌器，以Ⓛ速→Ⓜ速攪拌至麵團呈厚膜。

延展麵團確認狀態　**厚膜狀**

06 加入奶油，以Ⓛ速→Ⓜ速攪拌至麵團呈光滑亮面、有延展性的完全擴展。

延展麵團確認狀態　**薄膜狀**

BREAD 5

07 加入拌勻的材料Ⓑ攪拌均勻，最後加入葡萄乾拌勻。麵團終溫25～26℃。

08 攪拌完成。

延展麵團確認狀態　**薄膜狀**

基本發酵

09 將麵團整理，置於室溫基本發酵50分鐘。

分割、滾圓、中間鬆弛

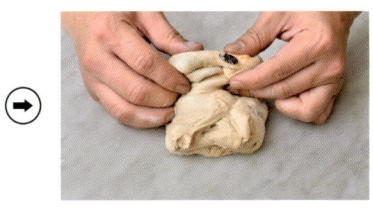

10 麵團分割成200g×5個，從近身側往前捲折至底、輕拍，轉向縱放，再重複捲折。

11 將麵團收合於底，輕滾動整成圓球狀，置於室溫鬆弛30分鐘。

整型

12 將麵團輕拍均勻、翻面。

人氣口感・歐式麵包 | 153

METHOD

13 分兩次在麵團表面鋪放上水滴巧克力。從前後兩側往中間折1/4，包覆水滴巧克力。

14 表面上再鋪放剩餘的水滴巧克力（水滴巧克力總重量15g），再將麵團從四周往內拉起，聚攏收合整圓。

15 捏緊收合處整型成圓球狀，收口朝下放置烤盤。

最後發酵

16 置於發酵箱中（30～32℃，75～85%），最後發酵30～40分鐘。

烘烤

17 虎皮麵糊稍攪拌均勻。在麵團表面均勻塗抹上50g虎皮麵糊。

18 以上火210～220℃／下火180℃蒸氣3秒，2分鐘後蒸氣3秒，烘烤18～20分鐘。

19 完成。

6
BREAD

香甜柔軟
布里歐、甜麵包

蛋和奶油含量較其他麵包來得高，口感柔軟帶有濃郁奶香，是法式甜麵包常見的種類。從大眾熟知的經典布里歐，以甜味為基礎，運用基本的麵團，再以麵包的特色做不同的延伸變化。除了直接法，也包含牛奶燙麵，為麵包提升口感風味。同時還有甜麵包的核心，各種的美味內餡。

25

BRIOCHE NANTERRE

布里歐國王吐司

布里歐是使用高比例的奶油、砂糖與蛋的Rich類型麵包的代表。由於麵團裡不加一滴水，加了大量的蛋、牛奶與奶油，風味香濃，口感柔軟輕盈，可以充分品嘗得到蛋與奶油的馥郁芳香。製作此類的麵團，攪拌的溫度非常重要，一旦溫度過高，口感就會因為奶油液化而變得乾澀。

| 份量 | 5條（80g×3個） | 使用模型 | SN2126 | 難易度 | ★★ |

材料 INGREDIENTS

麵團

麵團	配方	重量
法國麵粉	70%	350g
高筋麵粉	30%	150g
細砂糖	20%	100g
鹽	1.5%	7.5g
奶粉	5%	25g
蛋黃	20%	100g
全蛋	15%	75g
牛奶	30%	150g
鮮奶油	10%	50g
新鮮酵母	4%	20g
奶油	40%	200g
香草莢醬	1%	5g
Total	246.5%	1232.5g

表面／裝飾用

全蛋液............................適量
奶油................................適量
珍珠糖............................適量

製作工序 PROCESS

● **攪拌麵團**
奶油、香草莢醬之外材料→ L M →呈厚膜→↓↓↓奶油→ L M →呈薄膜→↓香草莢醬。麵團終溫24～25℃。

● **基本發酵**
室溫發酵30分鐘。

● **分割、滾圓、冷藏隔夜**
分割80g，滾圓，冷藏12～16小時。

● **整型**
擀平捲成圓筒狀，共2次擀捲。3個為一組放入模型中。

● **最後發酵**
・30～32℃，75～85%，50～60分鐘。
・刷全蛋液，剪三道刀口，擠入奶油、撒珍珠糖。

● **烘烤**
160℃／200℃，烤24～25分鐘。

作法　METHOD

預先準備　使用模型

01 水果條SN2126（21×7.7×6.2cm）。

製作　攪拌麵團

02 將所有材料（奶油、香草莢醬除外）放入攪拌缸，用勾狀攪拌器，以 L 速→ M 速攪拌至麵團呈厚膜。

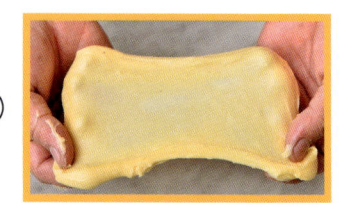

延展麵團確認狀態　**厚膜狀**

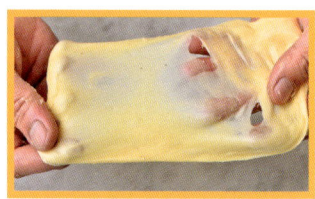

03 分次加入奶油，以 L 速→ M 速攪拌至麵團呈光滑、有延展性的完全擴展（呈薄膜），加入香草莢醬拌勻。麵團終溫24～25℃。

延展麵團確認狀態　**薄膜狀**

基本發酵

04 將麵團置於室溫基本發酵30分鐘。

分割、滾圓、冷藏隔夜

05 麵團分割成80g×3個（五組），滾圓，密封包覆，冷藏12～16小時，並在24小時內使用完畢。

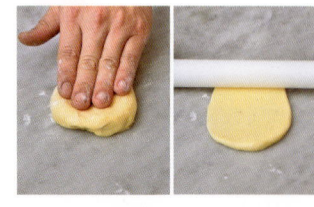

整型　　　　　　　　　　　　　　第 1 次擀捲

06 將麵團壓扁擀成橢圓片狀、翻面，從近身側往中間折1/3，再將對側往中間折1/3，鬆弛10分鐘。

BREAD 6

| 第 2 次擀捲 |

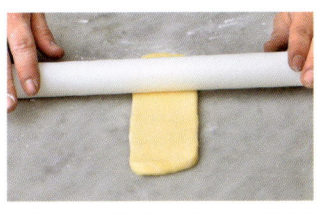

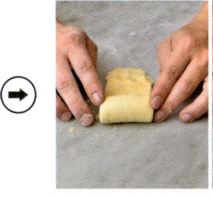

07 轉向縱放,擀成長片狀、翻面,底部稍延壓開(幫助黏合)。由上往下捲起至底,收合於底成圓柱形。

08 將3個麵團為一組,收口朝下(側面螺旋捲的方向朝同方向),放入模型中。

最後發酵

09 置於發酵箱中(30~32℃,75~85%),最後發酵50~60分鐘,至模型的7分高。

POINT
布里歐的烤焙膨脹力好,發酵到7分滿即可,發到8分滿烤出來容易脹太高導致縮腰。

10 表面塗刷全蛋液(蛋黃1個、全蛋1個拌勻)。用剪刀在表面剪出三道刀口,在刀口上擠入奶油。

烘烤

11 表面撒上珍珠糖。

12 以上火160℃/下火200℃,烘烤24~25分鐘。

POINT
烤焙中途若已上色金黃,可覆蓋烤焙紙以避免表面烤焦。

香甜柔軟・布里歐、甜麵包 | 159

26
ORANGE TOAST
香橙翻轉吐司

麵團表面鑲嵌著糖漬的橙片，展現如同蛋糕般的華麗感，吃起來像麵包又像糕點般的新口感。橙片的清香酸甜，與濃郁的蛋奶香氣，讓風味變得更加香甜清爽。有如蛋糕般細膩的口感，清爽不膩是香橙吐司的迷人特色。

| 份量 | 7個(125g) | 使用模型 | SN2174 | 難易度 | ★★ |

材料 INGREDIENTS

麵團	配方	重量
高筋麵粉	100%	500g
細砂糖	12%	60g
鹽	1.6%	8g
奶粉	4%	20g
新鮮酵母	3%	15g
全蛋	20%	100g
牛奶	10%	50g
鮮奶油	10%	50g
水	26%	130g
奶油	12%	60g
Total	198.6%	993g

內餡／表面用

A｜奶油乳酪 ……………140g
　｜糖漬橘皮絲…………105g
糖漬橙片 ……………… 42片
鏡面果膠 ……………… 適量
開心果碎 ……………… 適量

製作工序 PROCESS

◉ **攪拌麵團**
奶油之外材料→ L M →呈厚膜→↓奶油→ L M →呈薄膜。麵團終溫25～27℃。

◉ **基本發酵**
室溫發酵50～60分鐘。

◉ **分割、滾圓、中間鬆弛**
分割125g，滾圓，室溫鬆弛30分鐘。

◉ **整型**
- 麵團擀長方片，抹上奶油乳酪、橘皮絲捲成圓柱狀。
- 切成二瓣，編雙結瓣，放入鋪好糖漬橙片的模型中。

◉ **最後發酵**
30～32℃，75～85%，40～45分鐘。

◉ **烘烤、完工裝飾**
- 180℃／200～210℃，烤18～20分鐘。
- 刷上鏡面果膠，撒上開心果碎。

作法　METHOD

預先準備　使用模型

01 水果條SN2174（15.1×6.7×6.6cm）。

製作　攪拌麵團

02 將所有材料（奶油除外）放入攪拌缸，用勾狀攪拌器，以 Ⓛ速→Ⓜ速攪拌至麵團呈厚膜。

延展麵團確認狀態　**厚膜狀**

│ 奶油切丁幫助融合 │

03 加入奶油，以Ⓛ速→Ⓜ速攪拌至麵團呈光滑、有延展性的完全擴展（呈薄膜）。麵團終溫25～27℃。

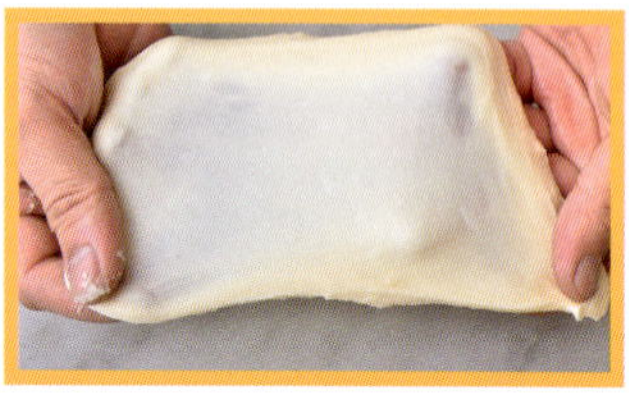

延展麵團確認狀態　**薄膜狀**

基本發酵

04 將麵團置於室溫基本發酵50～60分鐘。

分割、滾圓、中間鬆弛

05 麵團分割成125g×7個，滾圓，置於室溫鬆弛30分鐘。

整型

06 將麵團均勻輕拍，擀成厚度一致的橢圓狀，轉向、再延展擀平。

07 將麵團翻面後在前側2/3，抹上20g奶油乳酪，鋪放上15g糖漬橘皮絲。

08 從近身側往中間折1/3折，稍壓平，再將另一側往中間折1/3。

09 將麵團擀平，從距離前端的1cm處，由中間切開成兩瓣。

10 將兩瓣麵團左右交叉放置，以編兩股辮的方式順勢編結。

11 順勢編結至底，末端收合於底。

12 烤模四周鋪放上稍拭乾水分的糖漬橙片。將麵團放入模型中。

最後發酵

13 置於發酵箱中（30～32℃，75～85%），最後發酵40～45分鐘，至模型的8分高。表面覆蓋上烤焙紙，再壓蓋上烤盤。

烘烤、完工裝飾

14 以上火180℃／下火200～210℃，烘烤18～20分鐘。脫模，塗刷鏡面果膠，撒上開心果碎。

香甜柔軟‧布里歐、甜麵包 | 163

27

CINNAMON SUGAR FRENCH TOAST
肉桂卷吐司

隱約帶著肉桂清新的香氣、質地柔軟的肉桂卷麵包。滋味豐潤的麵團裡，包捲味道溫和、香氣迷人的肉桂餡，利用編結的手法成形華麗層次與絕美的口感。為了襯托出肉桂餡的細膩風味，在麵團裡加入鮮奶油，讓口感變得更濕潤，完成的麵包口感與肉桂餡十分的對味，搭配濃郁黑糖水風味更加香醇。

| 份量 | 8個（150g） | 使用模型 | SN2174 | 難易度 | ★★ |

材料 INGREDIENTS

麵團	配方	重量
法國麵粉	70%	350g
高筋麵粉	30%	150g
細砂糖	20%	100g
鹽	1.5%	7.5g
奶粉	5%	25g
蛋黃	20%	100g
全蛋	15%	75g
牛奶	30%	150g
鮮奶油	10%	50g
新鮮酵母	4%	20g
奶油	40%	200g
Total	245.5%	1227.5g

內餡 肉桂餡

奶油.................. 96g
黑糖.................. 48g
全蛋.................. 24g
低筋麵粉 24g
杏仁粉 96g
肉桂粉 12.5g

裝飾 黑糖水

黑糖蜜 50g
水..................... 30g

製作工序 PROCESS

▶ **預先準備**
- **肉桂餡**。奶油、黑糖攪拌至呈乳霜狀，加入蛋液及粉類拌勻。
- **黑糖水**。將所有材料煮沸。

▶ **攪拌麵團**
奶油之外材料→ L M →呈厚膜→↓↓↓
奶油→ L M →呈薄膜。麵團終溫24～25℃。

▶ **基本發酵**
室溫發酵30分鐘。

▶ **分割、滾圓、冷藏隔夜**
分割150g，滾圓，冷藏12～16小時。

▶ **整型**
麵團擀平，抹上35g肉桂餡捲成長條狀。縱切成二，編結成辮子狀，兩側末端往底部收合，收口朝下放入模型中。

▶ **最後發酵**
30～32℃，75～85%，40～50分鐘。

▶ **烘烤、完工裝飾**
- 180～190℃／210～220℃，烤18～20分鐘。
- 刷上黑糖水，撒上烤熟核桃、開心果。

作法　METHOD

預先準備｜使用模型

01　水果條SN2174（15.1×6.7×6.6cm）。

肉桂餡

02　軟化奶油、黑糖攪拌至呈乳霜狀，分次加入蛋液拌勻，再加入其餘粉類拌勻。

黑糖水

03　將所有材料煮沸備用。

製作｜攪拌麵團

04　麵團的攪拌參見P.156-159布里歐國王吐司作法2-3。將麵團置於室溫基本發酵30分鐘。

分割、滾圓、冷藏隔夜

05　麵團分割成150g×8個，滾圓，冷藏12〜16小時，並於24小時內使用完。

整型

06　將麵團均勻輕拍。

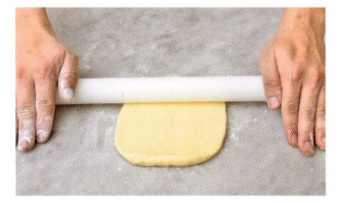

07　擀成方片狀，轉向、再延展擀平。

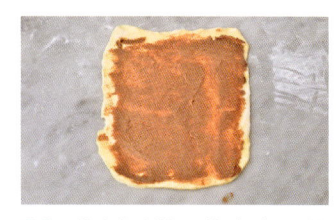

08　將麵團翻面後在表面抹上35g肉桂餡。

09　從前側由上往下，順勢捲起至底，收口朝下，冷藏鬆弛10〜15分鐘。

10　由中間朝左右兩側，稍滾動搓長。

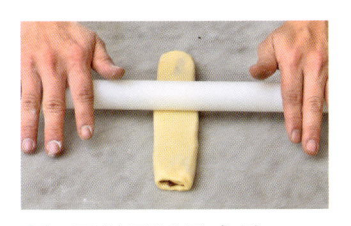

11 再擀平延展成長25cm×寬5cm。

12 從距離前端的1cm處,由中間切開成兩瓣。

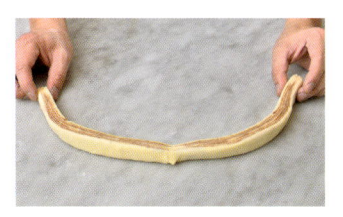

13 將兩瓣麵團切口朝上。

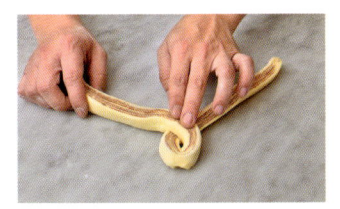

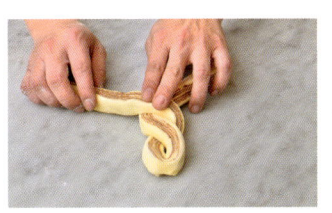

14 左右交叉放置,以編兩股辮的方式順勢編結至底,末端捏緊並收合於底。

15 將麵團兩端往中間稍聚攏整型,放入模型中。

最後發酵

16 置於發酵箱中(30～32℃,75～85%),最後發酵40～50分鐘,至模型的7～8分高。

烘烤、完工裝飾

17 以上火180～190℃／下火210～220℃,烘烤18～20分鐘。

18 表面塗刷上黑糖水。

19 撒上烤熟的核桃、開心果(份量外)。

28
ZUPF
雙色辮子麵包

布里歐是使用高比例的奶油、砂糖與蛋的Rich類型麵包的代表。以布里歐麵團製作，將麵團延展成細長狀，再以編織法成形，烘烤後金黃的酥脆外皮與充滿奶油香氣的鬆軟口感極為討喜。編辮的造型手法多樣，從兩股辮到十股辮都有，而且除了編辮成型外，也會用果乾、或堅果點綴增添香味與視覺效果。

| 份量 | 15條 | 可可色40g / 原色40g | 使用模型 | 無 | 難易度 | ★★ |

材料　INGREDIENTS

麵團	配方	重量
法國麵粉	70%	350g
高筋麵粉	30%	150g
細砂糖	20%	100g
鹽	1.5%	7.5g
奶粉	5%	25g
蛋黃	20%	100g
全蛋	15%	75g
牛奶	30%	150g
鮮奶油	10%	50g
新鮮酵母	4%	20g
奶油	40%	200g
A 後加水	2%	10g
A 可可粉	2%	10g
Total	249.5%	1247.5g

製作工序　PROCESS

攪拌麵團
奶油、Ⓐ之外的材料→ⓁⓂ→呈厚膜→↓↓↓奶油→ⓁⓂ→呈薄膜→取600g麵團→↓剩餘麵團加材料Ⓐ。麵團終溫24～25℃。

基本發酵
可可、原味麵團室溫發酵30分鐘。

分割、滾圓、冷藏隔夜
分割40g可可、原味麵團，滾圓，冷藏12～16小時。

整型
可可、原味麵團拍扁，捲折成長條狀，稍搓長，二條為組編結成形，兩側末端往底部收合。

最後發酵
・30～32℃，75～85%，50～60分鐘。
・刷全蛋液。

烘烤
170～180℃／160℃，烤13～14分鐘。

作法　METHOD

製作　攪拌麵團

01 麵團的攪拌參見P.156-159布里歐國王吐司作法2-3。

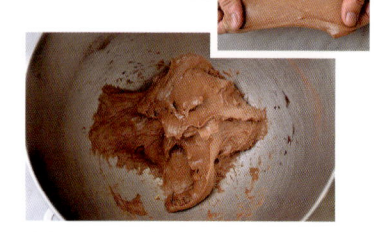

02 取出600g原味麵團，剩餘的麵團加入拌勻的材料Ⓐ攪拌均勻。麵團終溫24～25℃。

基本發酵

03 將原味、可可麵團分別置於室溫發酵30分鐘。

分割、滾圓、冷藏隔夜

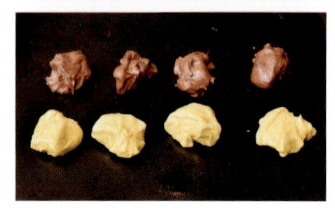

04 可可、原味麵團分別分割成40g×15個，滾圓，冷藏12～16小時，並在24小時內使用完畢。

整型

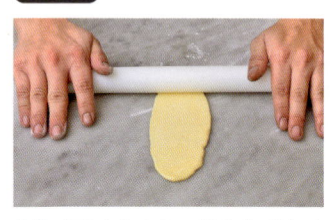

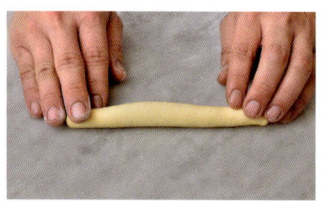

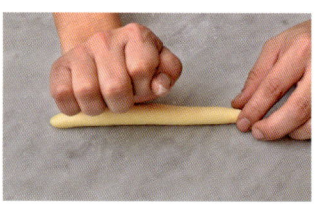

05 **原味麵團**。將麵團拍扁，擀成長條狀，翻面、橫向放置。從前側往下捲折，並用手掌根部確實收合收口處。

06 整型成兩端稍細的條狀。

07 **可可麵團**。將麵團依照原味的作法整型成條狀。

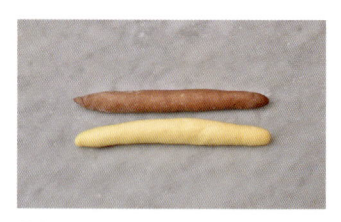

08 將原味、可可二條為一組。

BREAD 6

09 麵團由中間往兩端滾動搓揉，延展成長38cm，兩端尖細的長條。

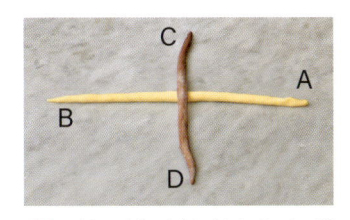

10 將兩色麵團呈十字型排列。

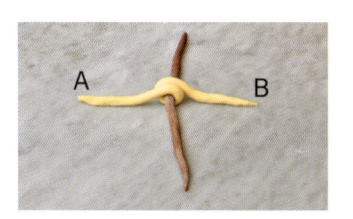

11 先將原味A-B交錯放置，繞成環。

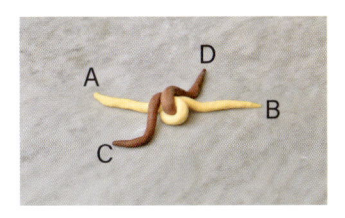

12 再將可可C-D交錯放置。

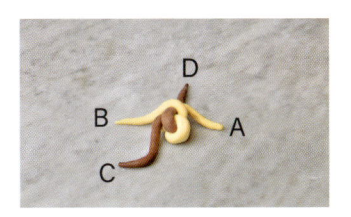

13 重複原味A-B交錯放置。

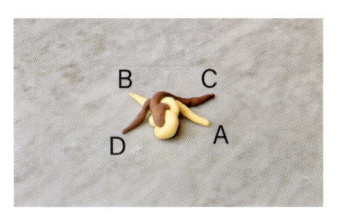

14 重複可可C-D交錯放置。

15 依序A-B，C-D交錯編結的方式編結至底，尖細端黏緊，末端稍搓細長。

16 再收折黏貼於底部，收口朝下放置成型。

最後發酵

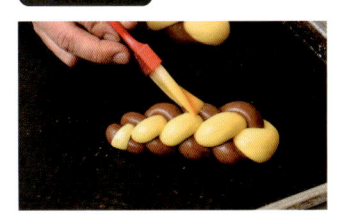

17 置於發酵箱中（30～32℃，75～85％），最後發酵50～60分鐘。塗刷全蛋液（蛋黃1個、全蛋1個拌勻）。

烘烤

18 以上火170～180℃／下火160℃，烘烤13～14分鐘。

香甜柔軟・布里歐、甜麵包 | 171

29

CHOCOLATE MARBLE BREAD
巧克力花結

以溫潤的麵團搭配經典榛果巧克力，讓風味更加濃郁香醇。將特製的榛果巧克力，以疊層工法反覆擀壓折疊，層層濃厚的榛果巧克力與麵團疊加出美麗的花紋，烘烤後散發濃郁香醇的香氣，入口能感受到富層次的細密口感。

| 份量 | 6個，300g | 使用模型 | 無 | 難易度 | ★★ |

材料　INGREDIENTS

麵團

麵團	配方	重量
法國麵粉	70%	350g
高筋麵粉	30%	150g
細砂糖	20%	100g
鹽	1.5%	7.5g
奶粉	5%	25g
蛋黃	20%	100g
全蛋	15%	75g
牛奶	30%	150g
鮮奶油	10%	50g
新鮮酵母	4%	20g
奶油	40%	200g
Total	245.5%	1227.5g

內餡　巧克力榛果餡

奶油..................198g
細砂糖...............135g
全蛋....................45g
可可粉................63g
奶粉..................126g
榛果醬................63g

製作工序　PROCESS

▶ **預先準備**
巧克力榛果餡。奶油、糖攪拌呈乳霜狀，加入蛋液、粉類拌勻後，加入榛果醬拌勻。包覆好，平整塑形成長方狀15cm×25cm，冷藏。

▶ **攪拌麵團**
奶油之外材料→ L M →呈厚膜→↓↓↓奶油→ L M →呈薄膜。麵團終溫24～25℃。

▶ **基本發酵**
室溫發酵30分鐘。

▶ **分割、滾圓、冷藏隔夜**
分割1200g，拍平包好，冷藏12～16小時。

▶ **裹入巧克力榛果餡、折疊、延壓**
- 麵團擀開折疊，延壓。3折1次，冷凍15分鐘，延壓對折1次，冷凍15分鐘，延壓。
- 延壓展開尺寸，長30cm×厚度2cm，冷凍30分鐘。裁切尺寸，長30cm×寬1～1.1cm，重75g。

▶ **整型**
以編辮的方式編結花結形。

▶ **最後發酵**
30～32℃，75～85%，50～60分鐘。

▶ **烘烤、完工裝飾**
180～190℃／160℃，烤18～20分鐘。刷上糖水，裝飾。

作法　METHOD

預先準備　巧克力榛果餡

01 將軟化奶油、細砂糖攪拌至呈乳霜狀，分次加入蛋液拌勻，再加其餘粉類拌勻至無粉粒，加入榛果醬拌勻。用塑膠袋包覆，平整塑形成長方狀15cm×25cm，冷藏備用。

製作　攪拌麵團

02 麵團的攪拌參見P.156-159布里歐國王吐司作法2-3。室溫基本發酵30分鐘。

分割、滾圓、冷藏隔夜

03 麵團分割成1200g。將麵團拍壓平用保鮮膜包覆，冷藏12～16小時，並於24小時內使用完畢。

裹入巧克力榛果餡、折疊、延壓

04 裹入巧克力榛果餡。取出定型的巧克力榛果餡15cm×25cm。

05 將麵團擀成約巧克力榛果餡的兩倍長，將巧克力榛果餡放在麵團的中間。

06 將一邊的1/4麵團往中間折疊。

07 將另一邊的1/4麵團往中間折疊，完全覆蓋住巧克力榛果餡，再將前後兩側接縫處捏合。

08 稍擀壓平。

09 延壓成長60cm×寬23cm。

10 將麵團一邊的1/3往中間折疊。

BREAD 6

| 3折1次 | | | 對折1次 |

11 另一邊的1/3往中間折疊,完成3折1次。密封包覆,冷凍鬆弛15分鐘。

12 將麵團延壓成長60cm×寬20cm。

13 將麵團對折1次,密封包覆,冷凍鬆弛15分鐘。

14 麵團延壓展開尺寸,長30cm×厚度2cm,密封包覆,冷凍鬆弛30分鐘。

15 裁切尺寸:長30cm×寬1~1.1cm,重75g(每四條為一組,共六組)。

整型

16 以四股為一組,切口面朝上。

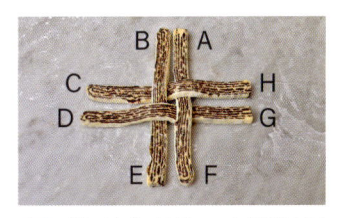

17 排列成「井」中間預留約1指寬縫隙。

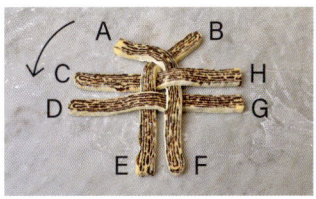

18 將鄰近的低股A壓高股B,低股C壓高股D,低股E壓高股F。

19 低股G壓高股H。

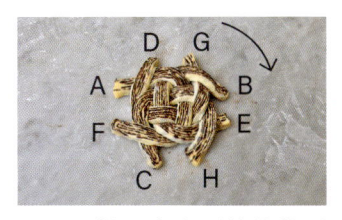

20 再從反方向順勢將鄰近的低股壓高股。

21 最末端交錯緊貼。

香甜柔軟・布里歐、甜麵包

METHOD

22 依序完成四組末端的收合,最後再將末端往底部收合成型。

最後發酵

23 置於發酵箱中(30～32℃,75～85%),最後發酵50～60分鐘。

烘烤、完工裝飾

24 以上火180～190℃／下火160℃,烘烤18～20分鐘。

25 表面塗刷上糖水,周圍沾裹上開心果碎(份量外),表面用乾燥草莓粒、開心果碎點綴。

POINT
開心果事先以低溫100℃烤至上色、溢出香氣,冷卻後使用。

TOPPING

裝飾用／糖水

○材料:細砂糖 65g、水50g
○作法:細砂糖、水放入鍋中,小火煮至沸騰放涼即可使用。

30
CHOCOLATE BRIOCHE CROWN
花漾王冠

布里歐麵團的變化性相當的高，常用來搭配各式內餡，變化出不同造型的甜點麵包。由於麵團的奶油含量多，對麵筋會形成阻礙，因此，務必等到麵筋確實形成後，再加入奶油攪拌，這點很重要。此外，蛋黃中所含的卵磷脂具有乳化作用，有助於麵團與奶油的融合，這也是奶油含量多的麵團，雞蛋用量也會相對提較多的原因。

份量	27個（45g）	使用模型	SN6301 半圓矽膠模	難易度	★★

材料 INGREDIENTS

麵團	配方	重量
法國麵粉	70%	350g
高筋麵粉	30%	150g
細砂糖	20%	100g
鹽	1.5%	7.5g
奶粉	5%	25g
蛋黃	20%	100g
全蛋	15%	75g
牛奶	30%	150g
鮮奶油	10%	50g
新鮮酵母	4%	20g
奶油	40%	200g
A 可可粉	2%	10g
A 後加水	2%	10g
Total	249.5%	1247.5g

內餡 草莓布朗尼蛋糕

70%巧克力 180g
鮮奶油 70g
蛋白 85g
糖粉 60g
杏仁粉 68g
低筋麵粉 34g
融化奶油 50g
草莓乾 100g

表面／裝飾用

覆盆子醬（P.234）............ 適量
金箔 .... 適量
鏡面果膠 .... 適量

製作工序 PROCESS

◆ **預先準備**
- **草莓布朗尼蛋糕**。將攪拌好的麵糊倒入烤模中，放上草莓乾，以上下火160℃，烤13～15分鐘。
- **覆盆子醬**。將覆盆子醬倒入模型中冷凍。

◆ **攪拌麵團**
奶油之外材料→ＬＭ→呈厚膜→↓↓↓
奶油→ＬＭ→呈薄膜→取550g麵團→剩餘麵團加材料Ⓐ。麵團終溫24～25℃。

◆ **基本發酵**
室溫發酵30分鐘。

◆ **分割、滾圓、冷藏隔夜**
分割5g、20g可可麵團，20g原味麵團，滾圓，冷藏12～16小時。

◆ **整型**
- 原味麵團擀平，捲成圓柱狀。
- 5g可可麵團擀圓，放置模型底部。20g可可麵團擀平，切割七至八道刀口，並放上圓柱狀麵團，包捲，整成環狀，中間處放上草莓布朗尼蛋糕。

◆ **最後發酵**
30～32℃，75～85%，40分鐘。

◆ **烘烤、完工裝飾**
190℃／200℃，烤13～14分鐘。放上冷凍覆盆子，刷果膠、金箔裝飾。

作法　METHOD

預先準備　使用模型

01 小花蛋糕模SN6301（105×81×31mm）。

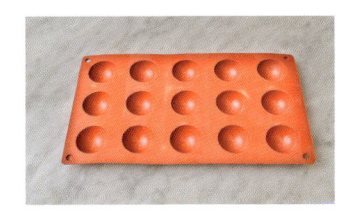

02 半圓矽膠模（直徑3.7×高1.5cm）。

草莓布朗尼蛋糕

03 鮮奶油加熱至65℃，加入巧克力中混合拌勻。

04 蛋白加入過篩糖粉、杏仁粉、低筋麵粉攪拌均勻至無粉粒，加入**作法❸**拌勻。

05 分次加入融化奶油。

06 混合拌勻，即成蛋糕麵糊。

07 將**作法❻**倒入矽膠烤模，放入草莓乾，以上火160℃／下火160℃，烘烤13～15分鐘。

冷凍覆盆子醬

08 將煮好的覆盆子醬（參見P.234）倒入半圓矽膠模中冷凍即可。

製作　攪拌麵團

09 將所有材料（奶油除外）放入攪拌缸。

10 用勾狀攪拌器，以❶速→Ⓜ速攪拌至麵團呈厚膜。

延展麵團確認狀態　**厚膜狀**

香甜柔軟・布里歐、甜麵包 | 179

METHOD

11 分次加入奶油，攪拌至麵團呈光滑、有延展性的完全擴展（呈薄膜）。麵團終溫24～25℃。

延展麵團確認狀態　**薄膜狀**

12 取出550g原味麵團，剩餘麵團加入材料Ⓐ攪拌均勻。麵團終溫24～25℃。將麵團置於室溫發酵30分鐘。

延展麵團確認狀態　**薄膜狀**

分割、滾圓、冷藏隔夜

整型

13 分割5g、20g可可麵團，20g原味麵團（各27個），滾圓，冷藏12～16小時，在24小時內使用完。

14 三個麵團5g、20g可可、20g原味為一組。**可可麵團**。將5g可可麵團，擀成圓形片狀，鋪放模型中。

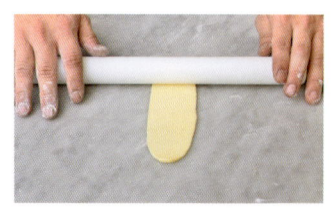

15 **原味麵團**。將20g原味麵團擀成長23～24cm長條狀，從前側由上往下捲起至底成細圓柱狀，用手掌根部確實按壓收合，滾動搓長。

16 可可麵團。將20g可可麵團擀成長23cm×寬3.5cm長條狀,斜劃七至八道刀口,在中間放上細圓柱狀的原味麵團。

17 從兩側將麵團往中間拉起包覆,並沿著收合口捏緊。

18 將一端稍剪開後向兩邊撐開,繞圈,使頭尾端接合形成環狀,收口處捏緊。

19 將麵團收口朝下放入模型中,中間放上草莓布朗尼蛋糕。

最後發酵

20 置於發酵箱中(30~32℃,75~85%),最後發酵40分鐘。

烘烤、完工裝飾

21 以上火190℃/下火200℃,烘烤13~14分鐘。

22 脫模,冷卻後放上冷凍的覆盆子醬,薄刷果膠、用金箔裝飾。

31
MATCH PINEAPPLE BREAD
抹茶菠蘿流心

外觀相當搶眼的甜點麵包。利用牛奶、鮮奶油來增添甜味的豐富感，完成的麵團不但能做吐司，還可以搭配不同內餡，改變外型做成各式的甜麵包。麵團表面披覆著透著晶瑩、帶有砂糖顆粒的菠蘿皮，烘烤後酥脆美味；內裡包藏的紅豆、抹茶生乳餡，香甜不膩，展現絕妙的好滋味。

| 份量 | 24個（50g） | 使用模型 | SN6226 圓模框 | 難易度 | ★★ |

材料 INGREDIENTS

麵團	配方	重量
法國麵粉	70%	350g
高筋麵粉	30%	150g
細砂糖	20%	100g
鹽	1.5%	7.5g
奶粉	5%	25g
蛋黃	20%	100g
全蛋	15%	75g
牛奶	30%	150g
鮮奶油	10%	50g
新鮮酵母	4%	20g
奶油	40%	200g
Total	245.5%	1227.5g

內餡 抹茶生乳餡
奶油 200g
鮮奶油 100g
卡士達粉 15g
抹茶醬（P.185） 200g

表面 抹茶餅乾皮
奶油 40.5g
細砂糖 175g
全蛋 56g
低筋麵粉 210g
杏仁粉 35g
水 44g
抹茶粉 14g

內餡／表面用
蜜紅豆粒 360g
栗子（整顆） .... 適量
糖粉 .... 適量

製作工序 PROCESS

▶ **預先準備**
- **抹茶餅乾皮**。軟化奶油、細砂糖攪拌呈乳霜狀，加入蛋液拌勻，加入其他材料混合拌勻。擀平麵團，包覆冷凍。
- **抹茶醬**。所有材料拌勻煮至濃稠。
- **抹茶生乳餡**。奶油打至鬆發，加入鮮奶油、卡士達粉、抹茶醬拌勻。

▶ **攪拌麵團**
奶油之外材料→ⓁⓂ→呈厚膜→↓↓↓
奶油→ⓁⓂ→呈薄膜。麵團終溫24～25℃。

▶ **基本發酵**
室溫發酵30分鐘。

▶ **分割、滾圓、冷藏隔夜**
分割50g，滾圓，冷藏12～16小時。

▶ **整型**
麵團輕拍包入15g蜜紅豆粒，整成圓球狀，放入模型中。

▶ **最後發酵**
- 30～32℃，75～85%，30～40分鐘。
- 表面放上抹茶餅乾麵皮。

▶ **烘烤、完工裝飾**
- 180～190℃／200～210℃，烤13～14分鐘。
- 從頂部灌入抹茶生乳餡，表面用抹茶生乳餡、栗子、糖粉裝飾。

作法 | METHOD

預先準備｜使用模型

01 小花蛋糕模SN6226（9.4×3cm）、圓模框直徑8.5cm。

抹茶餅乾皮

02 軟化奶油、細砂糖攪拌呈乳霜狀，分次加入蛋液拌至融合。

03 加入其他材料攪拌混合均勻。

04 將麵團擀平成厚度0.3～0.4cm，用塑膠袋包覆冷凍備用。

抹茶生乳餡

05 將奶油打至鬆發，加入鮮奶油拌勻，再加入卡士達粉、抹茶醬。

06 混拌均勻即成抹茶生乳餡。

製作｜攪拌麵團

07 麵團的攪拌參見P.156-159布里歐國王吐司作法2-3。室溫基本發酵30分鐘。

分割、滾圓、冷藏隔夜

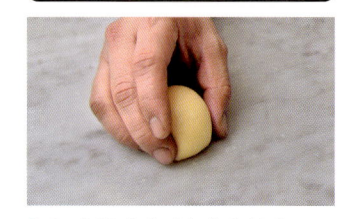

08 麵團分割成麵團50g×24個，滾圓。

09 冷藏12～16小時，並在24小時內使用完畢。

整型

10 將麵團拍壓扁，在中間放入15g蜜紅豆粒。

BREAD 6

11 將麵團四周往中間拉攏、收合成圓球狀,收口處捏緊。

12 將麵團收口朝下放入模型中。

最後發酵

13 置於發酵箱(30〜32℃,75〜85%),最後發酵30〜40分鐘。

14 將擀平的抹茶餅乾麵團,用直徑8.5cm圓形模框壓出圓形片。

15 覆蓋在發酵好的麵團上。

烘烤、完工裝飾

16 以上火180〜190℃/下火200〜210℃,烘烤13〜14分鐘。脫膜待冷卻。

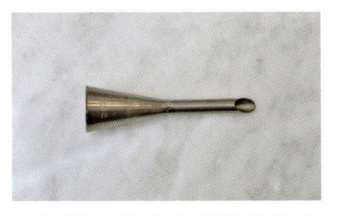

17 將抹茶生乳餡裝入擠花袋(TIP231擠餡花嘴)。

18 從頂部灌入抹茶生乳餡,表面用抹茶生乳餡、栗子,篩撒上糖粉裝飾。

TOPPING

餡料/抹茶醬

○材料:牛奶126g、鮮奶油49g、細砂糖35g、抹茶粉10.6g
○作法:將所有材料拌勻煮至濃稠狀。

32
HAZELNUT CHOCOLATE TOAST
榛藏巧克力生乳方磚

生乳吐司的口感較一般吐司來得濕潤，有濃醇奶香味。由於口感講求鬆軟濕潤，因此烘烤時間不能太長之外，麵團裡添加大量鮮奶油、牛奶成分；這款生乳吐司裡，添加了燙麵麵團來揉和麵團，提升較好的濕潤、入口即化口感，風味方面使用了牛奶、鮮奶油，搭配可可粉，藉以做出濃醇的風味。

份量	使用模型	難易度
4個（300g）	SN2190 或 SN2182	★★

材料 INGREDIENTS

麵團	配方	重量
牛奶燙麵		
高筋麵粉	16％	80g
牛奶	22.4％	112g
主麵團		
高筋麵粉	84％	420g
細砂糖	15％	75g
鹽	2％	10g
鮮奶油	10％	50g
牛奶	68％	340g
可可粉	10％	50g
新鮮酵母	3.5％	17.5g
奶油	12％	60g
Total	242.9％	1214.5g

內餡 榛果餡

奶油……………………………90g
細砂糖…………………………44g
全蛋……………………………20g
可可粉…………………………20g
低筋麵粉………………………20g
榛果粉…………………………90g

製作工序 PROCESS

◉ **預先準備**
- **牛奶燙麵**。將煮沸的牛奶沖入高筋麵粉中混合拌勻，冷卻即可使用。
- **榛果餡**。奶油、細砂糖攪拌至乳霜狀，再加入所有材料拌勻。

◉ **攪拌麵團**
牛奶燙麵、奶油之外主麵團材料→Ⓛ Ⓜ→呈厚膜→↓奶油→Ⓛ Ⓜ→呈薄膜。麵團終溫25～26℃。

◉ **基本發酵**
室溫發酵50～60分鐘。

◉ **分割、滾圓、中間鬆弛**
分割300g，滾圓，室溫鬆弛30分鐘。

◉ **整型**
擀平，抹上榛果餡，折成三折，分切成三段，編三股辮後捲一圈，放入模型中。

◉ **最後發酵**
- 30～32℃，75～85％，50～70分鐘。
- 放上奧利奧餅乾，蓋上上蓋。

◉ **烘烤**
180～190℃／190～200℃，烤28～30分鐘。

作法　METHOD

預先準備　使用模型

01 正方型吐司盒SN2190（10cm）。

榛果餡

02 將軟化奶油、細砂糖攪拌至乳霜狀，加入蛋液拌勻，加入其餘粉類混合拌勻。

牛奶燙麵

03 取130g的牛奶煮沸，秤取出所需的重量112g。

04 沖入高筋麵粉中混合拌勻，冷卻即可使用（或覆蓋好冷藏隔夜使用）。

製作　攪拌麵團

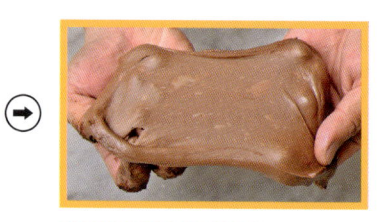

05 將牛奶燙麵、主麵團材料（奶油除外）放入攪拌缸，用勾狀攪拌器，以L速→M速攪拌至麵團呈厚膜。

延展麵團確認狀態　**厚膜狀**

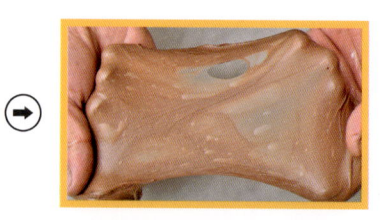

06 加入奶油，以L速→M速攪拌至麵團呈光滑、有延展性的完全擴展（呈薄膜）。麵團終溫25～26℃。

延展麵團確認狀態　**薄膜狀**

BREAD 6

基本發酵

07 將麵團置於室溫基本發酵50～60分鐘。

分割、滾圓、中間鬆弛

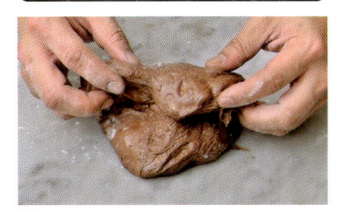

08 麵團分割成300g×4個,將麵團對折、輕拍,轉向縱放再對折。

09 捏折收合滾圓,置於室溫鬆弛30分鐘。

【發酵後】

整型

10 將麵團輕拍壓除空氣,擀成四方片狀、翻面。

11 在前側2/3處塗抹上65g榛果餡,底部預留不塗抹(幫助黏合)。

12 將上下兩側往中間折1/3折成3折。

13 轉向縱放、輕拍後擀壓延展成長片狀,從近身側往上折至前側下的1cm。

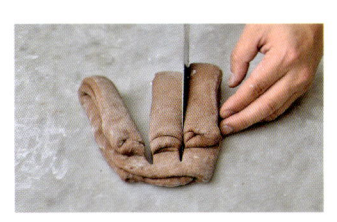

14 分切成3等份。

香甜柔軟・布里歐、甜麵包 | 189

METHOD

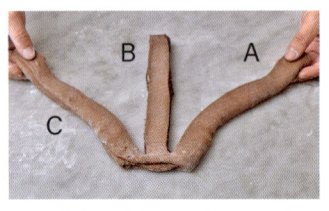

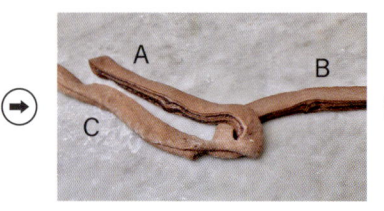

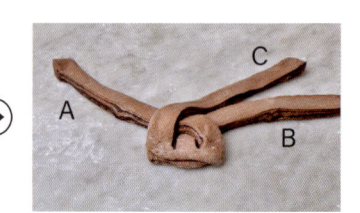

15 編3股辮，A跨B、C跨A、B跨C的次序。

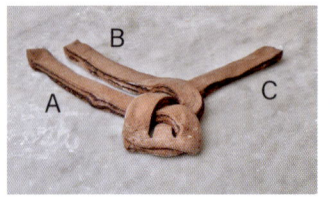

16 B→C，依法重複編結到底。

17 將近身側往底部的中間收折緊貼成型。

18 再將另一側往底部的中間收折緊貼。

19 將麵團收口朝下放入模型中。

最後發酵

20 置於發酵箱中（30～32℃，75～85%），最後發酵50～70分鐘，至模型的8分高，表面放入奧利奧餅乾（份量外）。蓋上吐司模的上蓋。

烘烤

21 以上火180～190℃／下火190～200℃，烘烤28～30分鐘。

7
BREAD

層疊酥脆
丹麥、千層

丹麥、千層裹油折疊的麵團不適合過度攪拌，本單元裡介紹的丹麥主要是直接法，以低溫長時間的熟成來控制發酵。由於此法在酵母活動之前就預先冷藏，比起其他時間點進行冷凍的麵團相對的穩定。藉由分段的製作方式，能更有效的控制時間，且製作時間不會拖得太長。

33
CHOCOLATE DANISH FRENCH TOAST
波浪巧克力吐司

以製作丹麥麵包的要領將片狀奶油與麵團擀壓折疊，製作出酥脆的口感。為了強調酥脆的口感，攪拌麵團時要注意避免產生過度筋性，以及盡量降低攪拌完成的溫度。在成形之前冷凍鬆弛，可讓麵團更加穩定，發揮與折疊用奶油整體感，受熱膨脹時才能更加順利，烘烤出細緻的層次。

| 份量 | 3個（300g） | 使用模型 | SN2126 | 難易度 | ★★★ |

材料　INGREDIENTS

麵團

		配方	重量
A	法國麵粉	90%	450g
	高筋麵粉	10%	50g
	細砂糖	10%	50g
	鹽	2%	10g
	麥芽精	1%	5g
	奶油	8%	40g
	新鮮酵母	4%	20g
	水	50%	250g
B	可可粉	2%	10g
	後加水	2%	10g
片狀奶油（裹入）		38.4%	192g
	Total	217.4%	1087g

內餡／表面

巧克力棒 30個
糖水（P.176） .... 適量

製作工序　PROCESS

▶ **攪拌麵團**
材料Ⓐ→ L M →呈厚膜→取685g麵團→剩餘麵團加材料Ⓑ。麵團終溫24～25℃。

▶ **基本發酵、冷藏隔夜**
原味、可可麵團滾圓，室溫發酵30分鐘。拍平包覆，冷藏12～16小時。

▶ **裹入片狀奶油、折疊延壓**
- 麵團擀開折疊。延壓，3折1次，冷凍30分鐘，延壓，3折2次。黏貼可可麵團，冷凍30分鐘，延壓，對折1次，冷凍30分鐘。
- 延壓展開尺寸，長66cm×寬16cm×厚度0.65～0.7cm，冷凍30分鐘。
- 裁切尺寸，長66cm×寬5cm長方形。

▶ **整型**
彎折成連續的S狀，放入模型中，巧克力棒放置彎折凹槽處。

▶ **最後發酵**
30～32℃，75～85%，60～90分鐘。

▶ **烘烤、完工裝飾**
170～180℃／210℃，烤32～35分鐘。趁熱刷上糖水。

作法　METHOD

預先準備｜使用模型

01 水果條SN2126（21×7.7×6.2cm）。

製作｜攪拌麵團

02 將材料Ⓐ放入攪拌缸，用勾狀攪拌器，以L速→M速攪拌至麵團呈厚膜。

03 取出685g的麵團。剩餘麵團加入材料Ⓑ攪拌均勻。麵團終溫24～25℃。

基本發酵、冷藏隔夜

04 原味麵團滾圓，室溫基本發酵30分鐘，拍壓平，包覆，冷藏12～16小時。

05 可可麵團滾圓，室溫基本發酵30分鐘，拍壓平，包覆，冷藏12～16小時。

裹入片狀奶油、折疊延壓

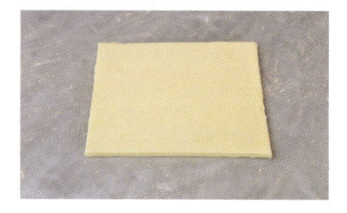

06 裹入片狀奶油。用擀麵棍敲打片狀奶油，使奶油柔軟後裁成15cm×20cm，冷藏。

07 將原味麵團擀成約片狀奶油的兩倍長，中間放上片狀奶油。

08 將兩邊的1/4麵團往中間折疊，完全覆蓋住奶油，並將接合處捏緊，再將麵團延壓成長60cm×寬18cm。

├ 3折1次 ┤

09 將麵團一邊的1/3往中間折疊，另一邊的1/3往中間折疊，完成3折1次。密封包覆，冷凍鬆弛30分鐘。

10 作法❾延壓成長50cm×寬18cm。

BREAD 7

3折2次

11 重複1次3折,完成3折2次。

12 可可麵團。可可麵團延壓平同原色麵團的尺大小。

13 可可麵團黏貼在**作法**⓫的表面。包覆,冷凍30分鐘。

對折1次

14 延壓成長27cm×寬23cm。對折1次,密封包覆,冷凍鬆弛30分鐘。

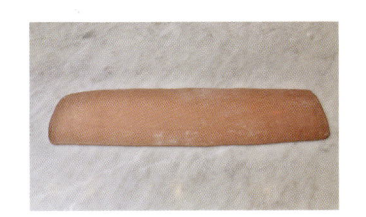

15 麵團延壓展開尺寸,長66cm×寬16cm×厚度0.65cm～0.7cm,包覆,冷凍30分鐘。

16 裁切尺寸:長66cm×寬5cm長方形,重約300g。

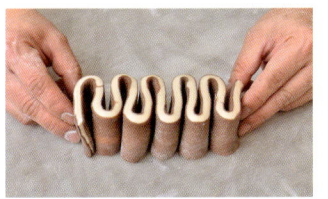

整型

17 將麵團彎折成連續的S狀至底,兩側貼緊模邊,放入模型中。

18 將巧克力棒(10個)放置麵團彎折凹槽處。

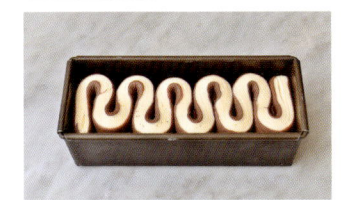

最後發酵

19 置於發酵箱中(30～32℃,75～85%),最後發酵60～90分鐘。

烘烤、完工裝飾

20 以上火170～180℃/下火210℃,烘烤32～35分鐘。脫膜、趁熱塗刷上糖水。

34

HONEY DANISH FRENCH TOAST
蜜糖千層吐司

剩餘麵團再利用

利用剩餘的千層麵團做風味變化的吐司！把切割剩餘的麵團聚集，以相同的手法擀壓，切小塊，混合完美比例的果乾材料，以及奶油、砂糖，烘烤過程中因焦糖化，形成焦脆的口感，焦糖與濃郁奶油香氣交織，外焦脆內柔軟的風味千層吐司。

| 份量 | 2個（250g） | 使用模型 | SN2174 | 難易度 | ★★★ |

製作工序　PROCESS

▶ 預先準備
原味杏仁糖霜。將所有材料攪拌混合均勻備用。

▶ 整型
- 將剩餘的丹麥麵團聚集、壓平。
- 3折1次，延壓，包覆，冷凍變硬，切1cm方塊狀。
- 將方塊丹麥麵團、其他材料拌勻。
- 分裝模型中。

▶ 最後發酵
- 30～32℃，75～85%，50～60分鐘。
- 表面擠上奶油，撒上細砂糖，再擠上原味杏仁糖霜，撒上杏仁角。

▶ 烘烤、完工裝飾
- 180℃／210℃，烤18～20分鐘。
- 篩撒糖粉、放上開心果碎。

材料　INGREDIENTS

麵團	配方	重量
剩餘的丹麥麵團	100%	500g
杏仁粒	10%	50g
水滴巧克力	10%	50g
蔓越莓	10%	50g
核桃	10%	50g
蜂蜜	8%	40g
Total	148%	740g

原味杏仁糖霜
蛋白.............................30.75g
細砂糖............................40g
鹽................................0.45g
杏仁粉...........................34.5g

表面／裝飾用
奶油..............................適量
細砂糖............................適量
杏仁角............................適量
糖粉..............................適量
開心果碎..........................適量

作法　METHOD

預先準備｜使用模型

01 水果條SN2174（15.1×6.7×6.6cm）。

原味杏仁糖霜

02 將所有材料混合攪拌均勻備用。

製作｜麵團

03 聚集剩餘的丹麥麵團500g。

延壓折疊　3折1次

04 麵團延壓平，將兩邊的1/3往中間折疊，完成3折1次，用塑膠袋包覆，冷凍鬆弛30分鐘。將麵團延壓擀薄、擀長成厚度1cm。

整型

05 用塑膠袋密封包覆，冷凍至變硬，切割成寬1cm的長條狀。

06 再切成1cm正方丁。

07 將切成方塊的丹麥麵團均勻攤開，冷凍冰硬。

08 將冰硬的丹麥麵團丁加入其他所有材料。

09 充分混合拌勻。

10 分裝到模型中至模型的6～7分高，麵團重約250g。

BREAD 7

最後發酵

11 置於發酵箱中（30～32℃，75～85%），最後發酵50～60分鐘，至約8～9分模高。

12 表面擠上奶油。

13 均勻撒上細砂糖。

14 再擠入原味杏仁糖霜。

15 最後撒上杏仁角（未烤過）。

烘烤、完工裝飾

16 以上火180℃／下火210℃，烘烤18～20分鐘，烤至焦香酥脆。

17 篩撒糖粉、開心果碎。

試試不同的變化！

製作丹麥過程中多少都會有損耗的問題，這款蜜糖千層吐司，主要就是為了將剩餘麵團完全利用，不造成任何浪費而延伸的設計。利用剩餘的丹麥麵團，添加適量的蜂蜜帶出香氣風味，至於搭配的副材料，也可以隨自己的喜好變化，添加堅果、果乾或巧克力等。

35

CHOCOLATE MILLEFEUILLE CUBE
熔岩千層方磚

低溫製程,利用疊層工法,將巧克力麵團與片狀奶油反覆擀壓折疊,疊加出美麗的層次感。外皮酥脆、內層濕潤的對比口感外,Q軟內裡帶有濃醇的巧克力香;層次分明,能夠一層層撕開,入口能感受到濃郁巧克力及奶香,與絲滑綿密的多層次口感。

份量	4個（270g）	使用模型	SN2190 或 SN2182	難易度	★★★

材料 INGREDIENTS

麵團

麵團	配方	重量
法國麵粉	80%	400g
高筋麵粉	20%	100g
細砂糖	15%	75g
鹽	2%	10g
奶粉	4%	20g
奶油	10%	50g
鮮奶油	15%	75g
全蛋	12%	60g
可可粉	5%	25g
新鮮酵母	4%	20g
水	34%	170g
片狀奶油（裹入）	40%	200g
Total	241%	1205g

內餡 生乳巧克力餡

- 牛奶 93.8g
- 鮮奶油 93.8g
- 香草莢醬 2g
- 全蛋 47g
- 細砂糖 37.5g
- 煉乳 11.3g
- 低筋麵粉 15g
- 奶油 15g
- 70%巧克力 62.5g

表面／裝飾用

- 融化巧克力 .... 適量
- 烤過杏仁角 .... 適量
- 可可粉 .... 適量

製作工序 PROCESS

● **預先準備**
製作生乳巧克力餡，冷藏備用。

● **攪拌麵團**
材料→ L M →呈厚膜。麵團終溫24～25℃。

● **基本發酵、冷藏隔夜**
室溫發酵30分鐘。拍平包覆，冷藏12～16小時。

● **裹入片狀奶油、折疊延壓**
- 麵團擀開折疊。延壓，4折1次，冷凍30分鐘。延壓，3折1次，冷凍30分鐘。
- 延壓展開尺寸，寬18cm×厚度1.5cm，冷凍30分鐘。
- 裁切尺寸，長8.5cm×寬8.5cm正方形。

● **整型**
將二片麵團為組放入模型中。

● **最後發酵**
30～32℃，75～85%，60～90分鐘，蓋上上蓋。

● **烘烤、完工裝飾**
- 195℃／195℃，烤28～30分鐘。
- 待冷卻，灌入70g生乳巧克力餡。
- 表面擠上融化巧克力，篩撒可可粉，撒上杏仁角。

作法　METHOD

預先準備　使用模型

01 正方型吐司盒SN2190（10cm）。

生乳巧克力餡

02 參見P.234作法1-7完成卡士達醬的製作，加入巧克力拌勻，用保鮮膜緊貼覆蓋，冷藏備用。

製作　攪拌麵團

03 將所有材料放入攪拌缸，用勾狀攪拌器，以 L 速→ M 速攪拌至麵團呈厚膜。麵團終溫24～25℃。

延展麵團確認狀態　**厚膜狀**

基本發酵、冷藏隔夜

04 將麵團滾圓，置於室溫基本發酵30分鐘。

05 將麵團拍壓平用塑膠袋包覆，冷藏12～16小時。

裹入片狀奶油、折疊延壓

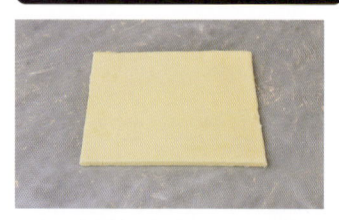

06 包覆片狀奶油。用擀麵棍敲打片狀奶油，使其柔軟後裁成15cm×20cm，冷藏。

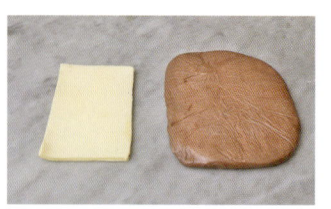

07 將可可麵團擀成約片狀奶油的兩倍長，中間放上片狀奶油。

08 將兩邊的1/4麵團往中間折疊，完全覆蓋住奶油，並將接合處捏緊，再將麵團延壓成長75cm×寬20cm。

09 將麵團一邊的3/4往中間折疊。

| 4折1次 |

10 另一邊的1/4往中間折疊，再對折，完成4折1次。密封包覆，冷凍30分鐘。

11 將**作法⑩**延壓成長46cm×寬17cm。

| 3折1次 |

12 將麵團一邊的1/3往中間折疊，另一邊的1/3往中間折疊，完成3折1次。密封包覆，冷凍30分鐘。

13 延壓展開尺寸，寬18cm×厚度1.5cm，密封包覆，冷凍30分鐘。

14 裁切尺寸，長8.5cm×寬8.5cm正方形。

METHOD

整型

15 將麵團二片為一組放入模型中（重約270g）。

剩餘麵團、補重量

16 剩餘的麵團，擀平、等量裁切。

17 放在中間層或底部補重量使用。

最後發酵

18 置於發酵箱中（30～32℃，75～85%），最後發酵60～90分鐘，膨脹至烤模8.5分滿高度，蓋上上蓋。

烘烤、完工裝飾

19 以上火195℃／下火195℃，烘烤28～30分鐘。

20 脫模、待冷卻，在中間戳入孔洞，灌入70g生乳巧克力餡。

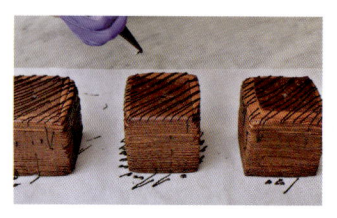

21 表面斜線擠上融化巧克力。

22 篩撒上可可粉，呈斜對角的撒上杏仁角點綴。

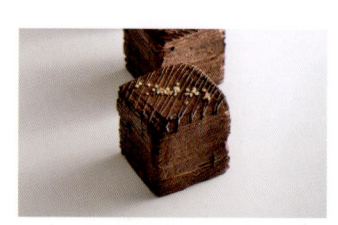

23 完成。

BREAD 7

36
GALETTE DES ROIS
寶島旺來國王

以精緻創意的風格，演繹夢幻千層的極致魅力！國王餅的重點在於層次分明的酥香派皮，以及濃郁香甜的杏仁奶油餡，層疊出的平衡滋味。寶島旺來是以在地的鳳梨（台語：旺來）為發想。鳳梨的造型，蓬鬆香脆的千層酥皮，搭配與鳳梨十分對味的百香果糖漬，帶出熱帶水果的香氣。再加上酸中帶甜的熱帶水果乳酪，餅皮的酥脆與內餡濕潤交融，迸發醇厚奶香獨特香氣，整體口感輕盈酥脆，完美呈現出豐富層次的口感。

| 份量 | 2個 | 使用模型 | 紙型 | 難易度 | ★★★★★ |

材料　INGREDIENTS

麵團

	配方	重量
法國麵粉	80%	400g
低筋麵粉	20%	100g
細砂糖	4%	20g
鹽	2%	10g
奶油丁	24%	120g
水	42%	210g
片狀奶油（裹入）	48%	240g
Total	220%	1100g

內餡　熱帶水果乳酪餡

奶油乳酪	500g
糖粉	20g
熱帶水果果泥	50g

裝飾　蜜漬百香果鳳梨

鳳梨（去皮）	500g
水	200g
細砂糖	200g
百香果	50g

表面裝飾用

乾燥草莓粒	適量
開心果	適量
糖水 (P.176)	適量

製作工序　PROCESS

▶ **預先準備**
- **熱帶水果乳酪餡**。奶油乳酪、糖粉拌勻，加入果泥混合均勻，冷藏備用。
- **蜜漬百香果鳳梨**。將糖漬好的鳳梨片，排放烤盤，烘烤乾水分。

▶ **攪拌麵團、冷藏隔夜**
- 材料→ L 混合均勻。
- 麵團拍平包覆，冷藏12～16小時。

▶ **裹入片狀奶油、折疊延壓**
- 麵團擀開折疊。延壓，3折1次，冷藏30分鐘→延壓，3折2次，冷藏30分鐘→延壓，3折3次，冷藏30分鐘→延壓，3折4次，冷藏30分鐘。
- 延壓展開尺寸，寬35cm×厚度0.35～0.4cm，冷凍2小時。

▶ **整型**
- 麵團二片一組，鋪放上紙型裁切造型。取一片割紋鏤空，重疊組合成型，冷凍至隔夜。
- 回溫，表面塗刷上蛋黃液，冷藏風乾，割劃紋路。

▶ **烘烤、完工裝飾**
- 160℃／180℃，烤45～50分鐘。趁熱刷上糖水。
- 擠入熱帶水果乳酪餡，放上蜜漬百香鳳梨片，撒上乾燥草莓粒、開心果碎。

作法　METHOD

預先準備　熱帶水果乳酪餡

01 將軟化的奶油乳酪、糖粉拌勻，加入回溫解凍的果泥混合拌勻，填裝擠花袋中，冷藏備用。

蜜漬百香果鳳梨

02 水、細砂糖拌勻，加入百香果混合，放入鳳梨片，以中小火煮至沸騰後，熄火，蓋上鍋蓋，浸泡2小時（鳳梨切成厚0.5片狀，再分切成6等份的扇形片使用）。

03 過濾，取出鳳梨片，呈間距的排放烤盤中，用100℃烘烤至烘乾水分。

製作　攪拌麵團、冷藏隔夜

04 將所有材料放入攪拌缸，用勾狀攪拌器，以L速攪拌3分鐘混合均勻即可。

05 將麵團拍壓成長方狀，用塑膠袋包覆，冷藏12～16小時。

裹入片狀奶油、折疊延壓

06 **裹入片狀奶油**。片狀奶油用擀麵棍敲打，使奶油柔軟，裁成15cm×20cm，冷藏。

07 將原味麵團擀成約片狀奶油的兩倍長，中間放上片狀奶油。

08 將兩邊的1/4麵團往中間折疊，完全覆蓋住奶油，並將接合處捏緊。

層疊酥脆・丹麥、千層 | 207

METHOD

| 3折1次 |

09 再將麵團延壓成長60cm×寬18cm。

10 將麵團一邊的1/3往中間折疊,另一邊的1/3往中間折疊,完成3折1次。密封包覆,冷藏鬆弛30分鐘。

| 3折2次、3次、4次 |

11 將作法⑪延壓成長60cm×寬18cm。

12 依法折疊延壓的操作,完成3折2次、3折3次、3折4次,冷藏30分鐘。

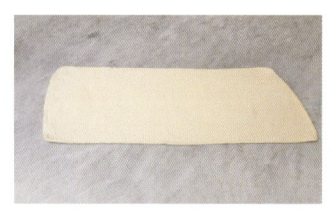

13 麵團延壓展開成尺寸,寬35cm×厚度0.35～0.4cm。密封包覆,冷凍鬆弛2小時。

整型

14 鳳梨造型版型。

15 將麵團鋪放上鳳梨紙型切割出造型,5瓣、7瓣葉兩片為一組。

16 將5瓣葉割紋鏤空。

17 上下重疊組合成型,密封包覆,冷凍至隔夜。

18 取出,待麵團稍回溫,用尖刀在表面均勻戳孔洞,待完全解凍,在表層塗刷上蛋黃液(鏤空處不用塗刷)。

BREAD 7

烘烤、完工裝飾

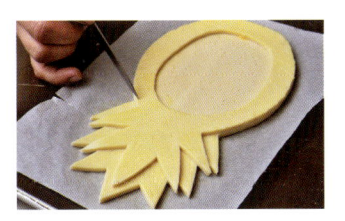

19 冷藏風乾後,用割紋刀割劃紋路,放置在鋪好烤焙紙的烤盤上。

POINT
在麵團表面戳孔能使膨脹穩定,較不會有膨脹不均的情形。

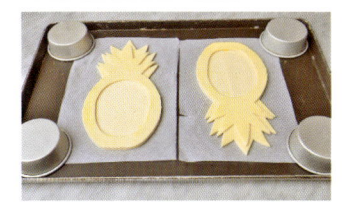

20 底部烤盤的四邊角擺放3cm高的烤模架高,以上火160℃／下火180℃先烘烤10分鐘。

21 取出,表面覆蓋烤焙紙,壓蓋烤盤,繼續烘烤35～40分鐘。

22 出爐後趁熱,在表面薄刷上糖水。

23 將熱帶水果乳酪餡裝入擠花袋(圓形花嘴)在鏤空處擠滿熱帶水果乳酪餡。

24 整齊擺放蜜漬鳳梨片,撒上草莓乾燥粒、開心果碎。

25 完成。

試試不同的造型!

經典國王餅的造型,搭配不同的切割紋路之外,還可以結合不同的元素及造型做創意的變化,像是其他鮮明的圖形,例如識別度極高的草莓、栗子,搭配相互呼應的食材、內餡;又或結合俐落的時尚元素,都能展現出不一樣的風情。

37

RIBBON DANISH
緞帶蝴蝶結

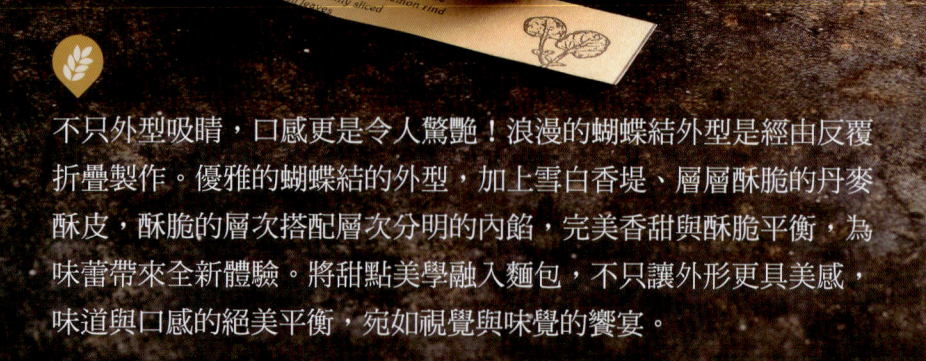

不只外型吸睛，口感更是令人驚艷！浪漫的蝴蝶結外型是經由反覆折疊製作。優雅的蝴蝶結的外型，加上雪白香堤、層層酥脆的丹麥酥皮，酥脆的層次搭配層次分明的內餡，完美香甜與酥脆平衡，為味蕾帶來全新體驗。將甜點美學融入麵包，不只讓外形更具美感，味道與口感的絕美平衡，宛如視覺與味覺的饗宴。

| 份量 | 8個 | 使用模型 | 無 | 難易度 | ★★★★★ |

材料 INGREDIENTS

麵團

		配方	重量
A	法國麵粉	90%	450g
	高筋麵粉	10%	50g
	細砂糖	10%	50g
	鹽	2%	10g
	麥芽精	1%	5g
	奶油	8%	40g
	新鮮酵母	4%	20g
	水	50%	250g
B	紅麴粉（甜菜根粉）	3%	15g
	後加水	3%	15g
片狀奶油（裹入）		38.4%	192g
	Total	219.4%	1097g

內餡 草莓杏仁餡

奶油.............. 64.5g
細砂糖............ 30g
全蛋.............. 7.5g
杏仁粉............ 64.5g
低筋麵粉.......... 15g
草莓乾............ 94.5g
草莓果泥.......... 18.5g

表面 鮮奶油香堤

鮮奶油............ 300g
細砂糖............ 30g

裝飾用

糖水（P.176）..................適量
藍莓...........................適量
藍莓果醬.......................適量
開心果.........................適量

製作工序 PROCESS

預先準備
草莓杏仁餡。將製作完成的草莓杏仁餡，分割15g，冷藏。

攪拌麵團
材料Ⓐ→ⓁⓂ→呈厚膜→取685g麵團→剩餘麵團加材料Ⓑ。麵團終溫24～25℃。

基本發酵、冷藏隔夜
原味、紅色麵團滾圓，室溫發酵30分鐘。拍平包覆，冷藏12～16小時。

裹入片狀奶油、折疊延壓
- 麵團擀開折疊。延壓，4折1次，冷凍30分鐘→延壓，3折1次。貼紅色麵團延壓至長35cm×寬25cm，冷凍30分鐘。裁切黏貼表面，冷凍30分鐘。
- 展開尺寸，寬27cm×厚度0.4cm，冷凍30分鐘。裁切尺寸，蝴蝶結長23cm×寬5cm長方形。緞帶長12cm×寬2cm。

整型
在蝴蝶結放上15g草莓杏仁餡，整型包覆好成蝴蝶結。緞帶從中間繞一圈收口於底部。

最後發酵
30～32℃，75～85%，40分鐘。

烘烤、完工裝飾
190℃／170℃，烤16～18分鐘。趁熱刷糖水。擠上打發鮮奶油，裝飾。`

| 作法 | METHOD

預先準備　草莓杏仁餡

01 草莓果泥、草莓乾加熱煮過後冷卻備用。

02 將軟化的奶油、細砂糖攪拌成乳霜狀,分次加入全蛋液拌勻,加入過篩的粉類拌勻。

03 加入**作法❶**拌勻的草莓乾混合拌勻,分割成15g×16個,冷藏備用。

製作　攪拌麵團

04 將所有的材料Ⓐ放入攪拌缸。

05 用勾狀攪拌器,以L速→M速攪拌至麵團呈厚膜。

延展麵團確認狀態　**厚膜狀**

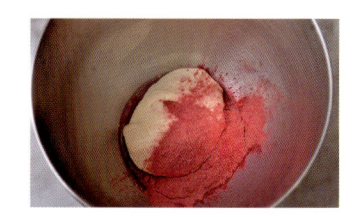

06 取出685g麵團,剩餘麵團加入材料Ⓑ攪拌均勻。

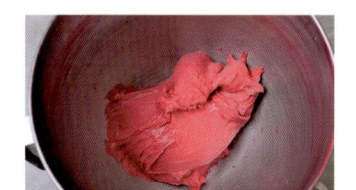

基本發酵、冷藏隔夜

07 麵團終溫24～25℃。

08 原味麵團滾圓,室溫基本發酵30分鐘,拍壓平,用塑膠袋包覆,冷藏12～16小時。

BREAD 7

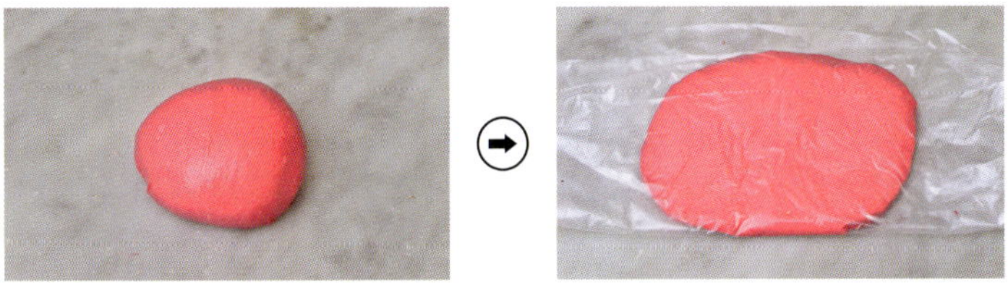

裹入片狀奶油、折疊延壓

09 紅色麵團滾圓，室溫基本發酵30分鐘，拍壓平，用塑膠袋包覆，冷藏12～16小時。

10 包覆片狀奶油。用擀麵棍敲打片狀奶油，使其柔軟後，裁成15cm×20cm，冷藏。

11 將原味麵團擀成約片狀奶油的兩倍長，中間放上片狀奶油。

12 將兩邊的1/4麵團往中間折疊，完全覆蓋住奶油，並將接合處捏緊。

13 再將麵團延壓成長70cm×寬18cm。

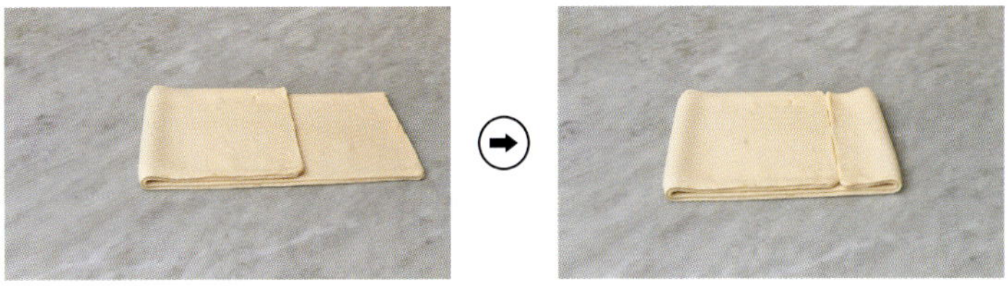

14 將麵團一邊的3/4往中間折疊，另一邊的1/4往中間折疊，再對折。

| 4折1次 |

15 完成4折1次。密封包覆，冷凍鬆弛30分鐘。

16 將**作法⓯**延壓成長50cm×寬18cm。

17 將麵團一邊的1/3往中間折疊。

層疊酥脆・丹麥、千層 | 213

METHOD

3折1次

18 另一邊的1/3往中間折疊，完成3折1次。

19 **紅色麵團**。將紅色麵團延壓平至同原色麵團的尺寸大小。

20 將紅色麵團黏貼覆蓋在**作法⑱**的表面。

21 延壓至長35cm×寬25cm，用塑膠袋包覆，冷凍鬆弛30分鐘。

22 將冰硬的雙色麵團切除兩側邊，從一側邊裁切寬0.5cm的長條狀，並黏貼在麵團的另一側邊上，一邊裁切一邊黏貼貼滿表面。

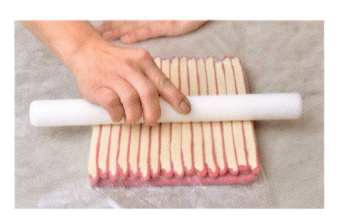

23 擀壓平使厚度一致。包覆，冷凍鬆弛30分鐘。

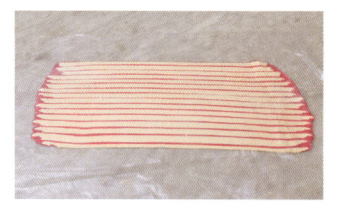

24 麵團延壓展開尺寸，寬27cm×厚度0.4cm，密封包覆，冷凍鬆弛30分鐘。

25 切割尺寸：蝴蝶結長23cm×寬5cm長方形。緞帶長12cm×寬2cm。

整型

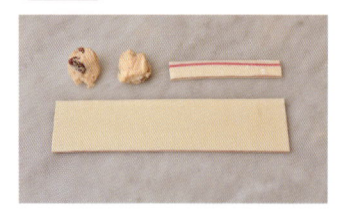

26 蝴蝶結、緞帶、草莓杏仁餡15g×2個為組合。

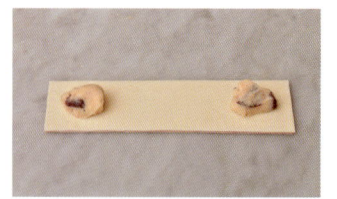

27 將蝴蝶結麵團的兩側放上草莓杏仁餡15g×2個，將四邊角往內折成小三角。

BREAD 7

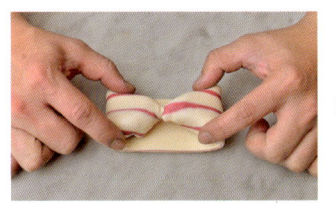

28 再將兩側往中間折1/4,兩端相接貼合。

29 翻面使正面朝上。

30 在蝴蝶結麵團中間放上緞帶,繞一圈收口於底部,包覆好整型成蝴蝶結造型,放在烤盤上。

最後發酵

31 置於發酵箱中(30～32℃,75～85%),最後發酵40分鐘。

烘烤、完工裝飾

32 以上火190℃／下火170℃,烘烤16～18分鐘,出爐趁熱塗刷上糖水。

POINT

裝飾糖水:細砂糖65g、水50g加熱煮沸即可使用。

33 將鮮奶油、細砂糖攪拌打至9分發。

34 待冷卻,在表面擠上鮮奶油香堤,放上藍莓、擠入藍莓果醬、撒上開心果碎。

38
BROWINE DANISH
櫻桃布朗尼

將酥脆可頌、濃郁布朗尼，搭配紅寶石般的酒漬櫻桃，呈現浪漫甜美的色澤；以莓果酸甜為基調，巧克力平衡酸味，甜而不膩。外型展現層次分明並營造出酥脆的口感，濃郁的奶油香氣，搭配布朗尼蛋糕為基底做成內餡，酸甜香氣，突顯出巧克力的香濃味道，相乘效果讓風味更加深邃，口感更加出色，令人唇齒留香的迷人味道。

| 份量 / 8個 | 使用模型 / SN62045　SN2122 | 難易度 / ★★★★★ |

材料　INGREDIENTS

麵團

		配方	重量
A	法國麵粉	90%	450g
	高筋麵粉	10%	50g
	細砂糖	10%	50g
	鹽	2%	10g
	麥芽精	1%	5g
	奶油	8%	40g
	新鮮酵母	4%	20g
	水	50%	250g
B	紅麴粉（甜菜根粉）	3%	15g
	後加水	3%	15g
片狀奶油（裹入）		38.4%	192g
	Total	219.4%	1097g

櫻桃布朗尼蛋糕

70%巧克力 180g
鮮奶油 70g
蛋白 85g
糖粉 60g
杏仁粉 68g
低筋麵粉 34g
融化奶油 50g
酒漬櫻桃 200g
櫻桃酒 20g

表面／裝飾用

椰子粉 .... 適量
鏡面果膠 .... 適量
糖水（P.176）..... 適量
藍莓果醬 .... 適量

裝飾餅乾　果蒂

A	奶油 18.7g
	糖粉 11.6g
	鹽 0.35g
B	全蛋 7.5g
C	杏仁粉 4.4g
	低筋麵粉 .. 32g
	法國麵粉 . 7.5g
	可可粉 3.7g

裝飾餅乾　葉子

丹麥麵團 100g

綠色噴液：
抹茶粉 10g
水 5g

製作工序　PROCESS

▶ **預先準備**
- 櫻桃布朗尼蛋糕。將烘烤完成的蛋糕體，塗刷上櫻桃酒，裁切成長12×寬3×高1.5cm（重40g）。

▶ **攪拌麵團**
材料Ⓐ→ⓁⓂ→呈厚膜→取685g麵團→剩餘麵團加材料Ⓑ。麵團終溫24～25℃。

▶ **基本發酵、冷藏隔夜**
原味、紅色麵團滾圓，室溫發酵30分鐘。拍平包覆，冷藏12～16小時。

▶ **裹入片狀奶油、折疊延壓**
- 麵團擀開折疊。延壓，4折1次，冷凍30分鐘→延壓，3折1次。延壓紅色麵團，黏貼在原味麵團上，冷凍30分鐘。
- 延壓展開尺寸，寬26cm×厚度0.4～0.45cm，冷凍30分鐘。裁切尺寸，長12cm×寬9cm長方形。

▶ **整型**
麵皮包捲上櫻桃布朗尼蛋糕，切成8等份，鋪放入模型中。

▶ **最後發酵**
30～32℃，75～85%，60～70分鐘。

▶ **烘烤、完工裝飾**
180℃／210℃，烤15～16分鐘。趁熱刷上糖水。冷卻，底部刷果膠，沾裹椰子粉，頂部組合裝飾餅乾。

作法　METHOD

預先準備｜使用模型

01　水果條SN2122（12.8×6.6×4cm）。

02　星型模SN62045。

櫻桃布朗尼蛋糕

03　鮮奶油加熱至65℃，沖入巧克力中拌勻。

04　蛋白加入過篩糖粉、杏仁粉、低筋麵粉攪拌均勻至無粉粒，再加入**作法❸**混合拌勻。

05　分次加入融化奶油混合拌勻。

06　即成櫻桃布朗尼蛋糕麵糊。

07　將麵糊倒入烤模的1/2高度，放上酒漬櫻桃（切半、吸乾水分），再倒入剩麵糊（麵糊總重約80g），以上火160℃／下火160℃，烘烤15～16分鐘。

08　出爐後趁溫熱，塗刷上櫻桃酒，待冷卻，切割成長12×寬3×高1.5cm（重約40g）。

果蒂

POINT
運用餅乾麵團塑型、烘烤成果蒂使用外,也可以利用市售的細棒餅乾來代替。

09 將材料Ⓐ攪拌至呈乳霜狀,分次加入全蛋攪拌至融合,加入混合過篩的材料Ⓒ拌勻。將餅乾麵團分割成4g,搓成水滴狀,以上火180℃/下火180℃,烘烤10~12分鐘。

葉子

10 將丹麥麵團擀壓成厚0.1cm片狀,以上火180℃/下火180℃,烘烤5~6分鐘。

11 再將烤乾的麵皮延壓擀平、趁熱平整。

【葉形版型】

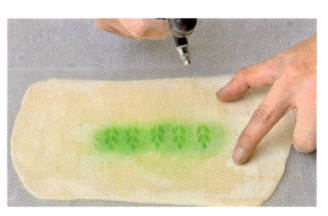

12 放上葉形版型,用調勻的抹茶液噴飾造型,切割出葉形輪廓。

POINT
也可以在表面隔著版型,塗刷上調勻的抹茶液後裁切出葉形。

13 再放置帶弧度的模型上,以上火180℃/下火180℃,稍烘烤定型。

METHOD

製作　攪拌麵團

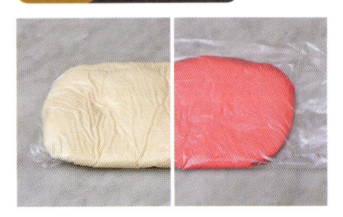

14 原味、紅色麵團的製作參見P.210-215緞帶蝴蝶結作法4-9。

裹入片狀奶油、折疊延壓

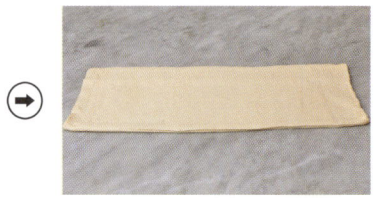

15 折疊裹油麵團、4折1次、3折1次的製作參見P.210-215緞帶蝴蝶結作法10-18。在完成4折1次後，冷凍30分鐘。延壓成長60cm×寬18cm。

3折1次

16 最後完成3折1次。

17 **紅色麵團**。將紅色麵團延壓平至同原色麵團的尺寸大小。

18 將紅色麵團黏貼覆蓋在**作法⑯**的表面。

19 用塑膠袋包覆，冷凍鬆弛30分鐘。

20 雙色麵團延壓展開尺寸，寬26cm×厚度0.4～0.45cm，用塑膠袋包覆，冷凍鬆弛30分鐘。

21 切除側邊，裁切成長12cm×寬9cm長方形，重約70～75g。

整型

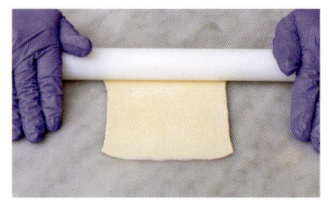

22 布朗尼蛋糕、雙色麵團為組合。將雙色麵團翻面、底部朝上擀平，在近身側放上櫻桃布朗尼蛋糕。

BREAD 7

23 再將兩側的麵團往中間包覆蛋糕體成型。

24 收口處朝上放置。

25 等份裁切成寬1.5cm的片狀。每條8等份，收口朝內側、放入模型8星芒的位置。

最後發酵

26 置於發酵箱中（30～32℃，75～85%），最後發酵60～70分鐘。

烘烤、完工裝飾

27 以上火180℃／下火210℃，烘烤15～16分鐘，出爐趁熱刷上糖水。

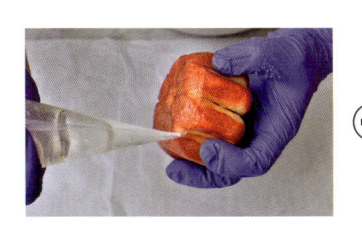

28 待冷卻，底部擠上鏡面果膠，沾裹椰子粉。

29 表面中心處擠入藍莓果醬，裝飾上餅乾果蒂、裝飾葉片。

層疊酥脆・丹麥、千層

39

MILLEFEUILLE EGG TART

法式乳酪千層鹹塔

豐富配料及濃醇的蛋奶醬是鹹塔的一大魅力，加上輕脆的千層皮的襯托，讓配料更加出色美味。千層塔皮的口感輕脆，與鹹味食材十分搭配。輕脆塔皮裡填滿溫潤順口的蛋奶醬，再搭配豐富配料，搖身一變成為風味極致的鹹味點心。層次美麗與否，與口感息息相關，折疊麵團時一旦溫度上升，不僅裡面的奶油會融化，麵團也會跟著收縮，因此，每次折疊後都要鬆弛，讓麵團處於容易延展的狀態。

| 份量 | 12個 | 使用模型 | SN6226 | 難易度 | ★★★ |

材料 INGREDIENTS

麵團	配方	重量
法國麵粉	90％	450g
高筋麵粉	10％	50g
細砂糖	4％	20g
鹽	1.5％	7.5g
奶油	8％	40g
新鮮酵母	3.5％	17.5g
水	50％	250g
片狀奶油（裹入）	38.4％	192g
Total	205.4％	1027g

內餡 蛋奶醬
鮮奶油.............. 76g
牛奶................ 106g
蛋.................. 76g
黑胡椒.............. 0.9g
鹽.................. 4.5g

內餡 配料
燻雞................ 250g
炒熟蘑菇............ 50g
炒熟洋蔥絲.......... 50g
熟馬鈴薯丁.......... 150g
黑松露醬............ 50g

表面用
起司絲.............. 96g
熟綠花椰菜.......... 100g

製作工序 PROCESS

▶ **預先準備**
- **蛋奶醬**。將所有材料混合攪拌均勻。
- **配料**。將處理好的食材與其他材料混合拌勻。

▶ **攪拌麵團、冷藏隔夜**
- 材料→ L M →呈薄膜。麵團終溫24～25℃。
- 麵團拍平包覆，冷藏12～16小時。

▶ **裹入片狀奶油、折疊延壓**
- 麵團擀開折疊。延壓，4折1次，冷凍30分鐘→延壓，3折1次，冷凍30分鐘。
- 延壓展開尺寸，寬26cm×厚度0.35～0.4cm，冷凍30分鐘。

▶ **整型**
- 裁切成直徑11cm圓形片，在表面戳孔，鋪放塔模，塑形，冷凍至隔夜。
- 放入配料，倒入蛋奶醬，放上燙熟綠花椰，撒上起司絲。

▶ **烘烤**
190℃／180℃，烤32～35分鐘。

作法　METHOD

預先準備｜使用模型

01　小花蛋糕模SN6226（9.4×3cm）。

蛋奶醬

02　將所有材料混合攪拌均勻。

配料

03　將處理好的食材與其他材料混合拌勻。

製作｜攪拌麵團、冷藏隔夜

04　將所有材料放入攪拌缸，用勾狀攪拌器，以 L 速→M 速攪拌至麵團呈光滑、有延展性（呈薄膜）。麵團終溫24～25℃。

延展麵團確認狀態　**薄膜狀**

05　將麵團拍壓平，用塑膠袋包覆，冷藏12～16小時。

裹入片狀奶油、延壓

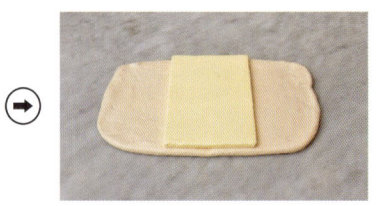

06　**裹入片狀奶油**。將片狀奶油敲打柔軟，裁成15cm×20cm，冷藏。將原味麵團擀成約片狀奶油的兩倍長，中間放上片狀奶油。

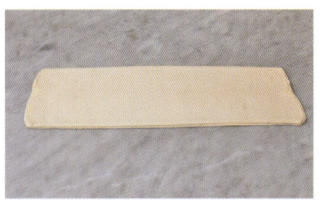

07　將兩邊的1/4麵團往中間折疊，完全覆蓋住奶油，並將接合處捏緊，再將麵團延壓成長70cm×寬18cm。

08　將麵團一邊的3/4往中間折疊。

BREAD 7

224

4折1次

09 另一邊的1/4往中間折疊，完成4折1次。密封包覆，冷凍鬆弛30分鐘。

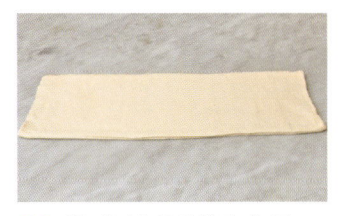

10 將**作法❾**延壓成長60cm×寬18cm。

3折1次

11 將麵團一邊的1/3往中間折疊，另一邊的1/3往中間折疊，完成3折1次。密封包覆，冷凍鬆弛30分鐘。

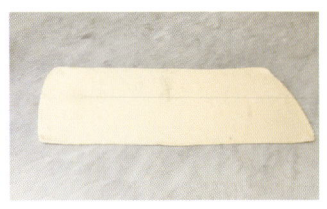

12 麵團延壓展開尺寸，寬26cm×厚0.35～0.4cm，密封包覆，冷凍鬆弛30分鐘。

整型

13 將麵團裁切成直徑11cm的圓形片，用針車輪在表面均勻戳孔（不用穿刺破，蛋液會溢出）。

14 將圓形片鋪放入塔模，沿著模邊按壓密合塑形，用保鮮膜覆蓋，冷凍至隔夜。

烘烤

15 在塔模中鋪放入35g內餡配料，倒入25g蛋奶醬，表面鋪放上燙熟綠花椰，撒上8g起司絲。

16 以上火190℃／下火180℃，烘烤32～35分鐘（表面也可以塗刷橄欖油，撒上海苔粉增添風味）。

層疊酥脆・丹麥、千層 | 225

40

STRAWBERRY MILLEFEUILLE EGG TART

莓果千層蕾絲蛋塔

千層丹麥這類折疊型的麵包點心，其口感味道關鍵在於奶油，因此在攪拌時不要過度，在折疊作業時要冷凍鬆弛，這樣才能做出奶油與麵團結合，形成工整的堆疊層次。這款千層折疊作業，是結合4折、3折作業，每折一次就鬆弛30分鐘，減少層次的數量，讓千層的口感更加酥脆。

| 份量 | 12個 | 使用模型 | SN6226 | 難易度 | ★★★ |

材料　INGREDIENTS

麵團

	配方	重量
法國麵粉	90%	450g
高筋麵粉	10%	50g
細砂糖	4%	20g
鹽	1.5%	7.5g
奶油	8%	40g
新鮮酵母	3.5%	17.5g
水	50%	250g
片狀奶油（裹入）	38.4%	192g
Total	205.4%	1027g

內餡　生乳布丁液

鮮奶油............................420g
細砂糖............................78g
蛋黃..............................147g

表面／裝飾用

卡士達餡（P.234）............適量
新鮮草莓........................適量
鏡面果膠........................適量
糖粉..............................適量

製作工序　PROCESS

▸ **預先準備**
生乳布丁餡。將溫熱鮮奶油，加入細砂糖拌勻，待降溫，加入蛋黃液混合拌勻，冷藏隔夜，使用前過篩。

▸ **攪拌麵團、冷藏隔夜**
- 材料→ L M →呈薄膜。麵團終溫24～25℃。
- 麵團拍平包覆，冷藏12～16小時。

▸ **裹入片狀奶油、折疊延壓**
- 麵團擀開折疊。延壓，4折1次，冷凍30分鐘→延壓，3折1次，冷凍30分鐘。
- 延壓展開尺寸，寬26cm×厚度0.35～0.4cm，冷凍30分鐘。

▸ **整型**
- 裁切成直徑11cm圓形片，在表面戳孔，鋪放塔模，塑形，冷凍至隔夜。
- 倒入40～45g生乳布丁液。

▸ **烘烤、完工裝飾**
- 190℃／180℃，烤30～32分鐘。
- 擠入卡士達餡，鋪放草莓，塗刷果膠，篩撒糖粉。

層疊酥脆・丹麥、千層　227

作法　METHOD

預先準備｜使用模型

01 小花蛋糕模SN6226（9.4×3cm）。

生乳布丁液

02 鮮奶油加熱煮至50℃，加入細砂糖拌勻，待降溫至35℃，加入打散的蛋黃液混合拌勻。

03 冷藏隔夜，使用前過篩，使質地均勻細緻。

製作｜折疊裹油麵團

04 麵團攪拌、折疊裹油的製作參見P.222-225法式乳酪千層鹹塔作法4-12。

整型

05 延壓展開尺寸，寬26cm×厚度0.35～0.4cm。

06 將麵團裁切成直徑11cm的圓形片，用針車輪在表面均勻戳孔（不用穿刺破，蛋液會溢出）。

07 將圓形片鋪放入塔模，沿著模邊按壓密合塑形，用保鮮膜覆蓋，冷凍至隔夜。

烘烤、完工裝飾

08 在塔模中倒入40～45g生乳布丁液。

09 以上火190℃／下火180℃，烘烤30～32分鐘。

10 冷卻後，擠入卡士達餡，鋪放上草莓，塗刷上鏡面果膠，篩撒糖粉。

8
BREAD

獨特風味
節慶麵包

源於特殊慶典和宗教節日而製作麵包，與日常生活所吃的麵包相比較，節慶麵包使用的材料豐富又多樣化，並且以含藏特殊象徵意義的傳統外觀為主要。德國人聖誕節必備的史多倫、義大利的水果麵包等，雖然未必是世界的主流風潮，但卻已是深植人心的經典之最。

41

TROPEZIENNE

聖托佩塔

相傳聖托佩塔是源於南法的點心麵包。由撒滿珍珠糖粒的布里歐麵團組成。鬆軟的布里歐，夾層混合卡士達餡的香草奶油餡，不僅帶有奶油獨有的濃醇風味與香氣，口感更加溫潤；花形的外觀，加上外層顆粒狀的珍珠糖、覆盆子醬，更散發優雅的迷人香氣，是一款不論外型或口感都相當吸引人的甜點麵包。

| 份量 | 16個（15g×5） | 使用模型 | 無 | 難易度 | ★★ |

材料 INGREDIENTS

麵團

麵團	配方	重量
法國麵粉	70%	350g
高筋麵粉	30%	150g
細砂糖	20%	100g
鹽	1.5%	7.5g
奶粉	5%	25g
蛋黃	20%	100g
全蛋	15%	75g
牛奶	30%	150g
鮮奶油	10%	50g
新鮮酵母	4%	20g
奶油	40%	200g
Total	245.5%	1227.5g

內餡 覆盆子奶油餡

卡士達餡（P.234）	500g
覆盆子醬（P.234）	250g
鮮奶油	250g
細砂糖	20g
香草莢醬	2g

表面／裝飾用

全蛋液	適量
珍珠糖	適量
杏仁角	適量
覆盆子醬	適量
糖粉	適量
金箔核桃	適量

製作工序 PROCESS

◉ **預先準備**
覆盆子奶油餡。將打發鮮奶油與其他材料混合。

◉ **攪拌麵團**
奶油之外材料→ⓛⓜ→呈厚膜→↓奶油→ⓛⓜ→呈薄膜。麵團終溫24～25℃。

◉ **基本發酵**
室溫發酵30分鐘。

◉ **分割、滾圓、冷藏隔夜**
分割15g×5，滾圓，冷藏12～16小時。

◉ **整型**
整型成水滴狀，5個一組，排列成花形。

◉ **最後發酵**
- 30～32℃，75～85%，40～50分鐘。
- 刷上全蛋液，撒上杏仁角、珍珠糖。

◉ **烘烤、完工裝飾**
- 190～200℃／170℃，烤12分鐘。
- 剖開，擠入覆盆子奶油餡。表面篩糖粉，中間處擠入覆盆子醬，用金箔核桃點綴。

作法　METHOD

預先準備　覆盆子奶油餡

01 將鮮奶油、細砂糖打至硬挺（8分發），加入其他材料混合拌勻。

製作　攪拌麵團

02 將所有材料放入攪拌缸（奶油除外），用勾狀攪拌器，以 L 速→M 速攪拌至麵團呈厚膜。

延展麵團確認狀態　**厚膜狀**

03 加入奶油，轉 L 速→M 速攪拌至麵團呈光滑、有延展性的完全擴展（呈薄膜）。麵團終溫24～25℃。

延展麵團確認狀態　**薄膜狀**

基本發酵

04 將麵團置於室溫基本發酵30分鐘。

分割、滾圓、冷藏隔夜

05 麵團分割成15g×5個。

06 滾圓，密封包覆，冷藏12～16小時，並在24小時內使用完畢。

POINT

麵團要在24小時內使用完畢，因為麵團一旦發酵過度變酸，麵筋會減弱，不僅風味會變差，外觀的挺立度也會變差。

整型

07 將5個麵團為一組,輕拍壓扁,往中間捏緊收合整圓,搓揉整型成水滴狀。

最後發酵

08 將麵團細端朝內,排列成花形,放置烤盤上。

09 置於發酵箱中(30～32℃,75～85%),最後發酵40～50分鐘。

10 表面刷上全蛋液(全蛋1個、蛋黃1個)。

烘烤、完工裝飾

11 再撒上杏仁角(未烤過)、珍珠糖。

12 以上火190～200℃／下火170℃,烘烤12分鐘。

13 冷卻後從麵包側面橫剖開。

14 將覆盆子奶油餡裝入擠花袋(圓形花嘴),在底部由外往內擠入水滴狀的內餡。

15 蓋上上層的麵包體,篩撒上糖粉,在中央處擠入覆盆子醬、用沾裹上金粉的核桃點綴。

獨特風味・節慶麵包 | 233

A TOPPING 餡料／卡士達餡

材料

牛奶 500g	細砂糖 100g	奶油 40g
香草莢醬 5g	煉乳 30g	
全蛋 125g	低筋麵粉 40g	

作法

1. 鍋中放入牛奶、香草莢醬，加熱煮至沸騰。 
2. 將全蛋打散，加入細砂糖、煉乳、低筋麵粉混合拌勻。 
3. 再將1/2的作法1沖入到作法2中攪拌混合。 
4. 再將作法3倒回剩餘的作法1中拌合。 
5. 邊拌邊加熱回煮至濃稠狀。 
6. 最後加入奶油拌勻。
7. 過篩。
8. 用保鮮膜緊密覆蓋，冷藏備用。

B TOPPING 餡料／覆盆子醬

材料

A
- 覆盆子果泥 300g
- 冷凍覆盆子 200g
- 水麥芽 50g

B
- 細砂糖 150g
- 玉米粉 16g

作法

1. 將材料Ⓐ煮至沸騰。 
2. 再加入事先混合均勻的材料Ⓑ。 
3. 繼續拌煮至再次沸騰，收稠狀態。

BREAD 8

42

KUGELHOPF

咕咕洛夫

源於阿爾薩斯地區，以獨特外型的烤模烘烤製成的節慶糕點。結合布里歐麵團的特性，將柳橙汁，以及蘭姆酒浸漬過的兩種不同的葡萄果乾加入麵團裡，讓麵團裡聚集果香味；並搭配有著乳化角色的蛋黃，以及油脂讓口感更加柔軟香醇。同時以鮮奶油與牛奶搭配，藉以呈現出風味濃郁，類似糕點般鬆軟又濕潤的口感。

| 份量 | 7個（220g） | 使用模型 | 直徑 14cm× 高 8.1cm | 難易度 | ★★★ |

材料 INGREDIENTS

麵團		配方	重量
A	高筋麵粉	100%	500g
	細砂糖	25%	125g
	鹽	1.4%	7g
	蛋黃	20%	100g
	麥芽精	0.4%	2g
	鮮奶油	10%	50g
	牛奶	40%	200g
	新鮮酵母	3.5%	17.5g
奶油		50%	250g
柳橙汁		20%	100g
葡萄乾		30%	150g
青堤子		20%	100g
蘭姆酒		5%	25g
	Total	325.3%	1626.5g

製作工序 PROCESS

● **預先準備**
酒漬果乾。 青堤子、葡萄乾蒸軟，與蘭姆酒浸泡3天至入味。

● **攪拌麵團**
材料Ⓐ→ⓁⓂ→呈厚膜→↓奶油→Ⓛ Ⓜ→呈薄膜→↓柳橙汁→↓酒漬果乾。麵團終溫24～25℃。

● **基本發酵**
室溫發酵60分鐘。

● **分割、滾圓、中間鬆弛**
分割220g，滾圓，室溫鬆弛30分鐘。

● **整型**
・模型底部擺放顆杏仁粒。
・麵團整型成中空的環狀，收口處朝上，放入模型中。

● **最後發酵**
30～32℃，75～85%，50～60分鐘。

● **烘烤、完工裝飾**
・160～170℃／200～210℃，烤26～28分鐘。
・冷卻，篩撒糖粉。

| 作法 | METHOD

預先準備　酒漬果乾

01 將青堤子、葡萄乾蒸軟，與蘭姆酒浸泡3天至入味（果乾蒸軟，質地變軟會更好入味）。

製作　攪拌麵團

02 將所有材料Ⓐ放入攪拌缸，用勾狀攪拌器，以❶速→Ⓜ速攪拌至麵團呈厚膜。

延展麵團確認狀態　**厚膜狀**

03 加入奶油，以❶速→Ⓜ速攪拌至麵團呈光滑、有延展性的完全擴展（呈薄膜）。

延展麵團確認狀態　**薄膜狀**

04 分次加入柳橙汁攪拌至融合。

05 加入酒漬果乾拌勻。麵團終溫24～25℃。

基本發酵

06 將麵團置於室溫基本發酵60分鐘。

METHOD

分割、滾圓、中間鬆弛

07 麵團分割成220g×7個,輕拍排氣,翻面,從近身處往前捲折。

08 收合於底,滾動修整成圓柱狀,置於室溫中間鬆弛30分鐘。

整型

09 在咕咕洛夫模型底部的每個凹陷處擺放一顆杏仁粒(未烤過)。

10 將麵團拍平,翻面、稍延展四邊。

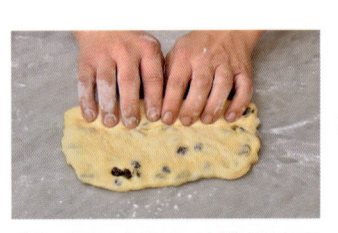

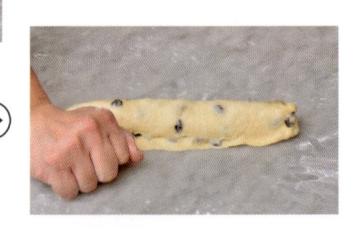

11 從近身側往前捲起至底,稍按壓收合處,使其緊貼(末端處利用虎口按壓收合)。

BREAD 8

238

12 再捏緊收合口，由中間往兩側延展搓長。

13 剪開一端。

14 撐開，繞圈銜接另一端，再將兩端黏接密合，整型成中空的環狀。

15 將光滑面朝下（收口處朝上），放入模型中，稍按壓緊。

最後發酵

16 置於發酵箱中（30～32℃，75～85%），最後發酵50～60分鐘至烤模的8分滿高度。

烘烤、完工裝飾

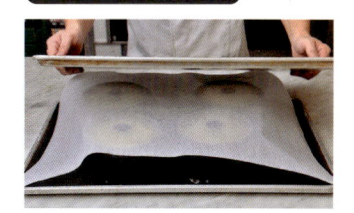

17 以上火160～170℃／下火200～210℃，表面鋪上烤焙紙，壓蓋烤盤，烘烤26～28分鐘。

18 烘烤完成，出爐。

19 脫模，冷卻後，篩撒糖粉。

獨特風味・節慶麵包 | 239

43

GALETTE DES ROIS
經典國王餅

國王餅（Galette des rois）是法國傳統的糕點。法國每年主顯節（1月6日）當地家庭會聚在一起享用，象徵家族每個人都能平安順利。酥脆派皮內包裹香醇濃郁的杏仁奶油餡外，還有趣味的小搪瓷玩偶，相傳誰吃到有造型瓷偶的那塊，就會有整年的好運。

| 份量 | 2個 | 使用模型 | 8吋圓型圈 | 難易度 | ★★★★★ |

材料 INGREDIENTS

麵團

麵團	配方	重量
法國麵粉	80%	400g
低筋麵粉	20%	100g
細砂糖	4%	20g
鹽	2%	10g
奶油丁	24%	120g
水	42%	210g
片狀奶油（裹入）	48%	240g
Total	220%	1100g

內餡 杏仁奶油餡

奶油	192g
細砂糖	96g
全蛋	48g
低筋麵粉	48g
杏仁粉	192g

裝飾 糖水

細砂糖	65g
水	50g

製作工序 PROCESS

▶ **預先準備**
- **杏仁奶油餡**。奶油、細砂糖至呈乳霜狀，加入全蛋液拌勻，加入粉類拌勻至無粉粒，擠成圓形，冷凍備用。
- **糖水**。將所有材料煮沸即可。

▶ **攪拌麵團、冷藏隔夜**
- 材料→ L 混合均勻。
- 麵團拍平包覆，冷藏12～16小時。

▶ **裹入片狀奶油、折疊延壓**
- 麵團擀開折疊。延壓，3折1次，冷藏30分鐘→延壓，3折2次，冷藏30分鐘→延壓，3折3次，冷藏30分鐘→延壓，3折4次，冷藏30分鐘。
- 延壓展開尺寸，寬42cm×厚度0.35～0.4cm，冷凍2小時。

▶ **整型**
- 裁切成8吋圓形。二片一組，取一片為底，鋪放杏仁奶油餡，覆蓋上另一片，冷凍至隔夜。
- 底部面戳孔，待回溫，表面塗刷上蛋黃液，冷藏風乾，再重複操作一次，割劃紋路。

▶ **烘烤、完工裝飾**
160℃／180℃，烤45～50分鐘。刷上糖水。

作法 METHOD

預先準備　使用模型

01　杏仁奶油餡使用6吋圓型圈。

02　國王餅塑型用。8吋圓型圈（直徑20cm）。

杏仁奶油餡

03　將軟化奶油、細砂糖攪拌至呈乳霜狀。

04　分次加入全蛋液拌至融合，加入過篩粉類拌勻至無粉粒。

05　填裝擠花袋，擠入圓型框塑成圓形，冷凍備用。

糖水

06　將所有材料煮沸即可。

製作　攪拌麵團、冷藏隔夜

07　將所有材料放入攪拌缸，用勾狀攪拌器，以L速攪拌3分鐘混合均勻即可。

08　將麵團取出放置塑膠袋上。

09　拍壓成長狀，用塑膠袋包覆，冷藏12～16小時。

裹入片狀奶油、折疊延壓

10　**裹入片狀奶油**。片狀奶油用擀麵棍敲打柔軟，裁成15cm×20cm，冷藏。

11　將原味麵團擀成約片狀奶油的兩倍長，中間放上片狀奶油。

12 將兩邊的1/4麵團往中間折疊，完全覆蓋住奶油，並將接合處捏緊。

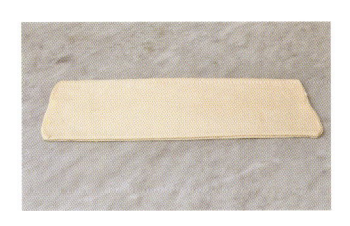

13 再將麵團延壓成長60cm×寬18cm。

14 將麵團一邊的1/3往中間折疊。

| 3折1次 | 3折2次、3次、4次 |

15 另一邊的1/3往中間折疊，完成3折1次。密封包覆，冷藏鬆弛30分鐘。

16 將作法⓯延壓成長60cm×寬18cm。

17 依法重複操作，完成3折2次、3折3次、3折4次，密封，冷藏30分鐘。

整型

18 麵團延壓展開成尺寸，寬42cm×厚度0.35～0.4cm。密封，冷凍2小時。

POINT
展開後的麵團，冷凍鬆弛冰硬再裁切整型；太軟會容易變形。

19 將麵團切割成同8吋圓型圈的大小，二片為一組。

20 取一片作為底部，噴上水霧，鋪放上冰硬的杏仁奶油餡，再覆蓋上另一片，並將外緣緊密黏合，用塑膠袋密封包覆，冷凍至隔夜。

獨特風味・節慶麵包 | 243

METHOD

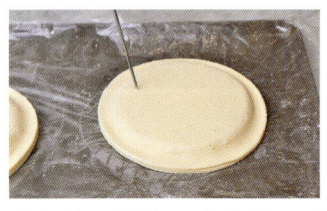

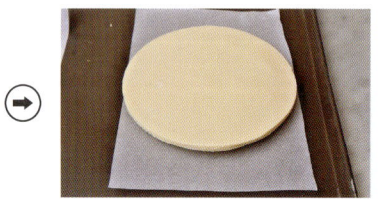

21 稍回溫後,在底部面平均戳上孔洞,翻面使正面朝上,待完全解凍,表面塗刷蛋黃液,冷藏風乾。

| 款式 A | 款式 B | 烘烤、完工裝飾 |

22 再次薄刷上蛋黃液,冷藏風乾後,用割紋刀劃切紋路。

23 底部烤盤的四邊角擺放3cm高的烤模架高,以上火160℃／下火180℃先烘烤10分鐘。

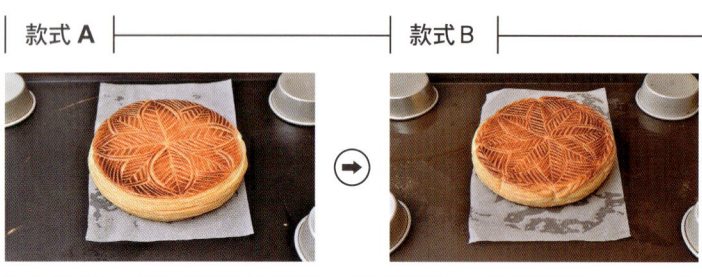

| 款式 A | 款式 B |

24 取出,表面覆蓋烤焙紙,壓蓋烤盤,繼續烘烤35～40分鐘。

25 出爐後趁熱,在表面塗刷上糖水。

A款

B款

BREAD 8

244

44

PALMIERS

法蝶千層酥

剩餘麵團再利用

外表迷人宛如蝴蝶雙翼的派餅。聚集剩餘的國王千層麵團再運用。以同樣的工法折疊、延壓出多層次的結構。奶油融入麵團中形成層層推疊的派皮，烘烤後帶出馥郁的奶油香氣，膨脹均勻的酥皮薄脆酥鬆，以及表面糖粒增添口感層次，於口中融化，伴隨濃郁奶香，酥脆香甜，法式千層的極致魅力。

| 份量 / 視麵團總重 | 使用模型 / 無 | 難易度 / ★★★ |

材料　INGREDIENTS

剩餘的國王餅麵團（P.241）
細砂糖

製作工序　PROCESS

▶ 預先準備
聚集剩餘的國王餅麵團。

▶ 折疊延壓
- 麵團擀平，對折，冷凍30分鐘。
- 延壓展開尺寸，寬40cm×厚度0.3〜0.35cm。

▶ 整型
- 兩長側邊往中間連折2折，再對折，冷凍至變硬。
- 切成厚度1cm的片狀，兩面沾裹細砂糖。
- 呈適當間距，排列烤盤上。

▶ 烘烤
180℃／170℃，烤25〜28分鐘，烤至焦香酥脆。

作法　METHOD

製作　折疊延壓　　　　　　　　　　　　　　　　　　　　　　　　　對折1次

01 聚集剩餘的國王餅麵團。

02 麵團延壓擀平。

03 將麵團對折1次，用塑膠袋包覆，冷凍鬆弛30分鐘。

整型

04 延展尺寸，將麵團延壓擀薄、擀長成寬40cm×厚度0.3～0.35cm。

05 將兩長側邊往中間折疊5cm，再分別往中間折疊1次。

06 再對折，用塑膠袋包覆，冷凍至變硬。

POINT
折疊第2次時，中間預留1.5cm的空隙，讓麵團受熱後有膨脹的延展空間，若貼的太緊密，麵團容易亂爆會影響外觀。

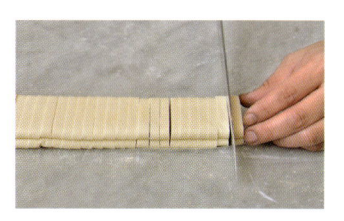

07 將麵團切割成厚1cm的片狀。

烘烤

08 將兩面均勻沾裹上細砂糖。

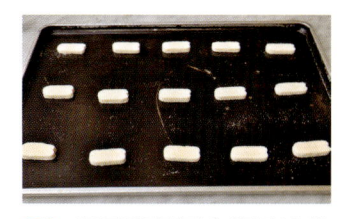

09 麵團與麵團之間呈適當間距，整齊的排列在烤盤上。

10 以上火180℃／下火170℃，烘烤25～28分鐘，烤至焦香酥脆即可。

獨特風味・節慶麵包 | 247

45
PRETZEL
德國結

德國結（Pretzel）堪稱德國的國民麵包，除了德國結，還有德國鹼水麵包、扭結餅、啤酒結或是椒鹽餅等稱呼。宛如打了結的心形，據說是取自雙手環抱胸前祈禱的模樣；深褐色的外觀，則是因為麵團浸泡鹼水所致。德國結講究的口感是外殼薄脆有嚼勁、內部柔軟。除了是佐酒的最佳良伴，也可以夾配料做成三明治的型態呈現。

| 份量 | 8個（100g） | 使用模型 | 無 | 難易度 | ★★ |

材料　INGREDIENTS

麵團	配方	重量
高筋麵粉	90％	450g
法國麵粉	10％	50g
細砂糖	4％	20g
鹽	2％	10g
新鮮酵母	2％	10g
水	52％	260g
奶油	4％	20g
Total	164％	820g

表面／內餡用

墨西哥辣椒 .... 適量
起司絲 .... 適量
義大利香腸（Salami）.. 適量
艾曼塔起司片（Emmental）
.... 適量
綠橄欖 .... 適量

浸泡用鹼水

市售鹼水 800g

製作工序　PROCESS

● **攪拌麵團**
材料→L M→呈厚膜。麵團終溫24～25℃。

● **分割、冷藏鬆弛**
分割100g，搓長條狀，冷藏鬆弛30分鐘。

● **整型**
整型成條狀，彎折成環抱造型。

● **冷凍冰硬**
冷凍至微硬。

● **浸泡鹼水**
浸泡鹼水，放上起司絲，切劃刀口、撒上墨西哥辣椒。

● **烘烤、完工裝飾**
- 210℃／180℃蒸氣3秒→2分鐘後蒸氣3秒，烤14～16分鐘。
- 橫剖開，夾入義大利香腸片、艾曼塔起司片、綠橄欖。

作法 METHOD

製作 | 攪拌麵團

01 將所有材料放入攪拌缸，用勾狀攪拌器，以 Ⓛ速→Ⓜ速攪拌至麵團呈厚膜。麵團終溫24～25℃。

延展麵團確認狀態　**厚膜狀**

分割、冷藏鬆弛

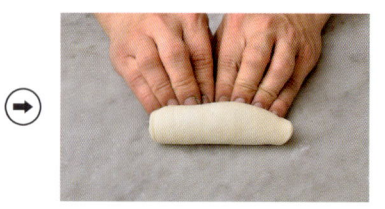

02 麵團分割成100g×8個，將麵團壓扁、翻面，從前側往下捲起整型成圓柱狀。冷藏鬆弛30分鐘。

整型

03 將麵團稍拍扁後擀成45cm長條狀。

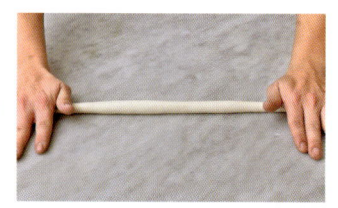

04 橫向放置，從前側由上往下捲起，用手掌底部按壓收口處密合，從中間往兩側搓揉。

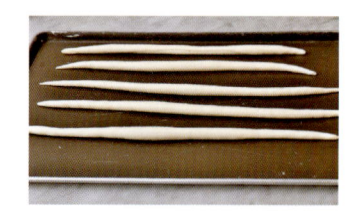

05 冷凍鬆弛10分鐘。

06 將麵團由中央往兩側搓揉越往外越細，兩端較細、中間稍粗的長條（約65～70cm）。

07 將麵團從兩邊尾端交錯在中間。

BREAD 8

08 連續扭轉2次。

09 接著再將尖細端黏置麵團的兩側，完成環抱造型。

冷凍冰硬

10 冷凍至表面微硬的狀態。

浸泡鹼水

11 將麵團浸泡到鹼水中（能淹蓋過麵團的量），正反共3～5秒，瀝乾水分。

> **POINT**
> 使用鹼水時，建議在保持通風的地方進行，並且戴上橡皮手套及口罩。

12 表面放上起司絲，在較粗的部位劃上一刀割紋（刀紋若割得太淺，麵團側面可能會有裂開的情形），最後放上墨西哥辣椒丁。

烘烤、完工裝飾

13 以上火210℃／下火180℃蒸氣3秒，2分鐘後蒸氣3秒，烘烤14～16分鐘至表面上色均勻。

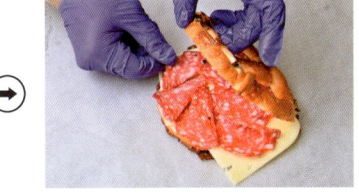

14 待冷卻後，從側面剖開，夾入義大利香腸片、艾曼塔起司片，放上切片的綠橄欖。

獨特風味・節慶麵包 | 251

46

RED MISO & SCALLIONS PRETZEL
赤味噌青蔥

鋪餡變化

近年的德國結麵包有各種的變化,這款德國結麵包,是以基本德國結麵團的延伸變化。在烤的酥脆的德國結麵包中,鋪放上特製的赤味噌醬、青蔥餡再稍微烘烤,讓麵包散發出獨特的風味。品嘗起來像是在吃點心,口味扎實,又有滿滿的鹹香餡料,享受德國結麵包的不同風味。

| 份量 | 10個（80g） | 使用模型 | 無 | 難易度 | ★★ |

材料　INGREDIENTS

麵團	配方	重量
高筋麵粉	90%	450g
法國麵粉	10%	50g
細砂糖	4%	20g
鹽	2%	10g
新鮮酵母	2%	10g
水	52%	260g
奶油	4%	20g
Total	164%	820g

內餡 赤味噌醬

赤味噌............ 100g
水.................... 100g
胡麻醬............ 50g
白醋.................. 6g
細砂糖............. 40g

浸泡用鹼水

市售鹼水........ 800g

內餡 青蔥餡

青蔥................ 200g
全蛋................. 50g
黑胡椒.............. 2g

內餡／表面用

起司片............ 10片
杏仁角............適量
橄欖油............適量

製作工序　PROCESS

▶ **預先準備**
- **赤味噌醬**。將所有材料煮沸，放涼。
- **青蔥餡**。將所有材料混合拌勻。

▶ **攪拌麵團**
材料→ L M →呈厚膜。麵團終溫24～25℃。

▶ **分割、滾圓、冷藏鬆弛**
分割80g，滾圓，冷藏鬆弛30分鐘。

▶ **整型**
將麵團擀平包入起司片整型成橄欖狀。

▶ **最後發酵、浸泡鹼水**
- 30～32℃，75～85%，20分鐘。
- 浸泡鹼水，中間直劃刀口。

▶ **烘烤、完工裝飾**
- 210℃／180℃蒸氣3秒→2分鐘後蒸氣3秒，烤12～14分鐘。
- 塗上赤味噌醬，放上青蔥餡、撒上杏仁角，230℃／0℃，烤5～8分鐘，薄刷橄欖油。

作法　METHOD

預先準備　赤味噌醬

01 將所有材料拌勻煮沸後放涼。

青蔥餡

02 使用前再將所有材料混合拌勻。

製作　攪拌麵團

03 將所有材料放入攪拌缸。

04 用勾狀攪拌器，以 L 速→ M 速速攪拌至麵團呈厚膜。麵團終溫24～25℃。

延展麵團確認狀態　**厚膜狀**

分割、滾圓、冷藏鬆弛

05 麵團分割成80g×10個。

06 將麵團利用虎口滾圓，冷藏鬆弛30分鐘。

整型

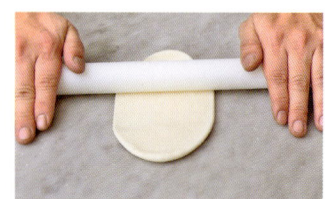

07 將麵團拍壓扁，擀成橢圓片狀、翻面。

08 將底部兩側稍延展出寬度，在前側放上起司片（對切成2），從上而下捲起至底，並用手掌底部按壓使收口處密合。

BREAD 8

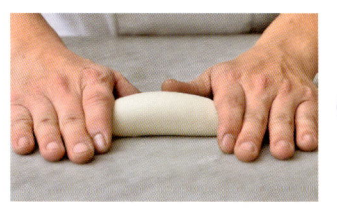

09 滾動修整兩側，整型成兩端略尖的橄欖狀。

最後發酵

10 放置烤盤上，放入發酵箱中（30～32℃，75～85%），最後發酵20分鐘。

浸泡鹼水

11 將麵團浸泡在鹼水中（能淹蓋過麵團的量），正反共3～5秒，瀝乾水分。

POINT
使用鹼水時，建議在保持通風的地方進行，並且戴上橡皮手套及口罩。

12 兩側預留，在表面中間部位劃上一刀，刀口的深度約至1/2處。

13 劃切的深度直至可見起司片。

烘烤、完工裝飾

14 以上火210℃／下火180℃蒸氣3秒，2分鐘後蒸氣3秒，烘烤12～14分鐘。

15 在表面刷上赤味噌醬。

16 鋪放青蔥餡、撒上杏仁角（或白芝麻份量外），再以上火230℃／下火0℃，烘烤5～8分鐘，刷上橄欖油。

POINT
表面使用的堅果，不需要事先烤過。

獨特風味・節慶麵包 | 255

47

SAUSAGE PRETZEL

黑椒烤腸德國球

包餡變化

利用德國結麵團烤成芳香的鹹味德國球麵包。麵團裡包覆了起司丁及豐富的配料，還加了起司片，製作出濃厚奢侈的風味。帶有香香鹹鹹的滋味，品嘗起來濕潤，口感獨特，除了當作主食麵包，也是佐食啤酒的最佳鹹味點心。

| 份量 | 16個（50g） | 使用模型 | 無 | 難易度 | ★★ |

材料　INGREDIENTS

麵團	配方	重量
高筋麵粉	90%	450g
法國麵粉	10%	50g
細砂糖	4%	20g
鹽	2%	10g
新鮮酵母	2%	10g
水	52%	260g
奶油	4%	20g
Total	164%	820g

內餡／表面用

德式脆腸丁 160g
高熔點起司丁 96g
黑胡椒 .... 適量
起司片 16片
杏仁角 .... 適量
乾燥蔥 .... 適量

浸泡用鹼水

市售鹼水 800g

製作工序　PROCESS

● 攪拌麵團
材料→L M→呈厚膜。麵團終溫24～25℃。

● 分割、滾圓、冷藏鬆弛
分割50g，滾圓，冷藏鬆弛30分鐘。

● 整型
輕拍後包入內餡料，捏合收口，整型成圓球狀。

● 最後發酵、浸泡鹼水
・30～32℃，75～85%，20分鐘。
・浸泡鹼水，剪十字型刀口，撒上杏仁角。

● 烘烤、完工裝飾
・210℃／180℃ 蒸氣3秒→2分鐘後蒸氣3秒，烤10～11分鐘。
・撒上乾燥蔥。

獨特風味・節慶麵包 | 257

作法　METHOD

製作｜攪拌麵團

01 將所有材料放入攪拌缸，用勾狀攪拌器，以 L 速→ M 速攪拌至麵團呈厚膜。麵團終溫24～25℃。

延展麵團確認狀態　**厚膜狀**

分割、滾圓、冷藏鬆弛

02 麵團分割成50g×16個，滾圓，冷藏鬆弛30分鐘。

整型

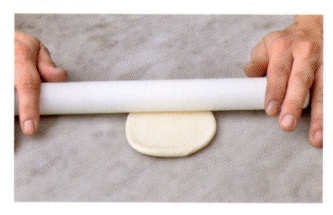

03 將麵團拍壓扁，擀成圓片狀、翻面，在中間處放上10g德式香腸丁、6g高熔點起司丁、撒上黑胡椒、起司片（十字對切）。

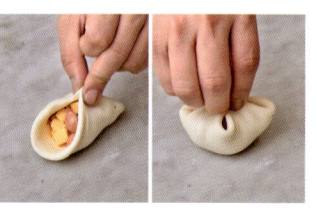

04 將麵團由左右、上下四側往中間拉攏聚合，捏緊收合整型成圓球狀。

最後發酵

05 置於發酵箱中（30～32℃，75～85%），最後發酵20分鐘。

浸泡鹼水

06 將麵團浸泡在鹼水中（能淹蓋過麵團的量），正反共3～5秒，瀝乾水分。

烘烤、完工裝飾

07 用剪刀在表面剪出十字型刀口，撒上未烤過的杏仁角（或白芝麻）。

08 以上火210℃／下火180℃蒸氣3秒，2分鐘後蒸氣3秒，烘烤10～11分鐘至表面上色均勻。撒上乾燥蔥（或用海苔粉）裝飾。

BREAD 8

48 STOLLEN
德國史多倫

史多倫對於德國人來說，是別具意義的節慶麵包。相傳史多倫的外型是源於襁褓布包，有「襁褓中的聖嬰」之義。最早的史多倫是非常樸素的麵包，與現今加入大量果乾、砂糖的史多倫截然不同。表層覆蓋雪白糖粉，內有豐富的果乾，口感特別。史多倫稍放置一段時間後，味道香氣會更融合，每次品嚐的風味會有不同。

| 份量 | 7個（230g） | 使用模型 | 無 | 難易度 | ★★★ |

材料 INGREDIENTS

麵團

		配方	重量
中種			
	高筋麵粉	50%	250g
	新鮮酵母	6%	30g
	牛奶	38.8%	194g
主麵團			
A	高筋麵粉	50%	250g
	細砂糖	12.5%	62.5g
	鹽	0.85%	4.25g
	牛奶	8%	40g
	奶油	35%	175g
B	橘皮絲	25%	125g
	葡萄乾	62.5%	312.5g
	蘭姆酒	10%	50g
	杏仁粒（烤過）	20%	100g
	Total	318.65%	1593.25g

內餡 杏仁膏

杏仁粉 320g
糖粉 320g
蛋白 32g
水 32g

表面用

焦化奶油 ....適量
細砂糖 ....適量
糖粉 ....適量

製作工序 PROCESS

▶ **預先準備**
- **杏仁膏**。將所有材料混合攪拌均勻，分割100g，搓成圓柱狀。
- **焦化奶油**。奶油煮至深褐色，待降溫過濾雜質，冷藏保存。
- **酒漬果乾**。將材料B前一天浸泡至隔天使用。

▶ **攪拌麵團**
- 製作中種。材料 L 。室溫發酵20～30分鐘。
- 中種、主麵團材料 A → L M →呈厚膜→↓酒漬材料 B 、杏仁粒。麵團終溫24～25℃。

▶ **基本發酵**
室溫發酵30～40分鐘。

▶ **分割、滾圓、中間鬆弛**
分割230g，搓成圓柱狀，室溫鬆弛15～20分鐘。

▶ **整型**
拍平，放入杏仁膏，捲起包覆成圓柱狀。

▶ **最後發酵**
30～32℃，75～85%，30～40分鐘。

▶ **烘烤、完工裝飾**
- 180℃／170℃，烤25～28分鐘。
- 趁熱塗刷焦化奶油，沾裹細砂糖，冷卻後篩上糖粉。

作法　METHOD

預先準備　焦化奶油

01 將奶油小火煮至呈深褐色，立即熄火、降溫，待降溫過濾雜質，冷藏保存。使用前再加熱融化即可。

杏仁膏

02 將所有材料混合攪拌均勻。分割成100g×7個，搓成13～14cm的圓柱狀，備用。

酒漬果乾

03 將材料Ⓑ前一天浸泡至隔天使用。

製作　攪拌麵團

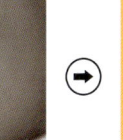

04 中種。將材料放入攪拌缸，用勾狀攪拌器，以Ⓛ速攪拌至無粉粒，室溫發酵20～30分鐘。

延展麵團確認狀態

【發酵前】　【發酵後】

05 主麵團。將中種、主麵團的材料Ⓐ放入攪拌缸。

獨特風味・節慶麵包

METHOD

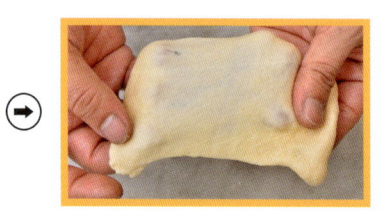

06 以 L 速→ M 速攪拌至麵團呈厚膜。

延展麵團確認狀態　厚膜狀

07 加入酒漬果乾Ⓑ、杏仁粒。

08 攪拌混合均勻。麵團終溫24～25℃。

POINT
杏仁粒先用100℃烘烤過再使用；用低溫烘烤即可，若高溫烘烤，經2次烘烤後容易有油耗味。

基本發酵

09 將麵團置於室溫基本發酵30～40分鐘。

POINT
發酵狀態，可從麵團表面的毛細孔及裂痕判斷。

分割、滾圓、中間鬆弛

10 麵團分割成230g×7個。

11 搓成圓柱狀，置於室溫鬆弛15～20分鐘（鬆弛後）。

整型

12 將麵團拍平成13～14cm的厚長片，翻面，中間放上杏仁膏。

13 將兩長側邊往中間折起包覆杏仁膏，捏緊收合處整型成圓柱狀。

14 再將前後兩側折起，捏緊收合。

15 從左右稍往中間聚集整型。

最後發酵

16 置於發酵箱中（30～32℃，75～85%），最後發酵30～40分鐘。

烘烤、完工裝飾

17 以上火180℃／下火170℃，烘烤25～28分鐘。

18 趁熱立即塗刷上焦化奶油，均勻沾裹上細砂糖。

POINT
也可以塗刷融化的奶油，但會少了焦化奶油的堅果焦香味。

19 完全冷卻後篩撒上大量的糖粉。

20 完成。

獨特風味・節慶麵包 | 263

49
PANETTONE
米蘭水果麵包

水果麵包（Panettone）來自義大利，相傳最早源於米蘭，因此有米蘭水果麵包之稱。傳統的米蘭水果麵包，以高聳、圓頂的造型聞名。發酵步驟講究，利用水式酵母技術，以硬種放入水中發酵，藉由水洗的概念去除多餘的酸味而成；麵團也分兩階段製作，並搭配葡萄乾、糖漬橙皮等果乾，表面則是劃入十字放入奶油再烘烤。在這款水果麵包還添加了卡士達麵糊來添香，讓質地更柔軟、風味層次更豐盈多變。

| 份量 | 4個（500g） | 使用模型 | 紙模 | 難易度 | ★★★★★ |

材料 INGREDIENTS

麵團	配方	重量
中種		
水式酵母（P.43-46）	40%	200g
水	18%	90g
高筋麵粉	55%	275g
法國麵粉	15%	75g
蛋黃A	24.5%	122.5g
細砂糖	25%	125g
蛋黃B	20%	100g
後加水	12%	60g
奶油	45.5%	227.5g
主麵團		
高筋麵粉	30%	150g
卡士達麵糊	16%	80g
蛋黃	23%	115g
細砂糖	7.5%	37.5g
海藻糖	7.5%	37.5g
奶油	20%	100g
鹽	2.35%	11.75g
葡萄乾（蒸過）	60%	300g
義大利橘皮丁	50%	250g
Total	471.35%	2356.75g

卡士達麵糊

牛奶	75g
鮮奶油	37.5g
蛋黃	26.3g
玉米粉	22.5g
細砂糖	22.5g

製作工序 PROCESS

▶ **預先準備**
卡士達麵糊。將材料拌勻煮至濃稠。

▶ **中種**
水、水式酵母浸泡5～10分鐘→ L →↓高筋、法國麵粉、蛋黃A→ L M →有筋性→↓↓↓細砂糖、後加水、蛋黃B→ L →↓↓↓奶油→ L M →呈薄膜。麵團終溫25～26℃。27～28℃，75～85%，發酵12～14小時至3～3.5倍大。

▶ **攪拌麵團**
中種、高筋麵粉→ L M →呈厚膜→↓↓均質過的卡士達麵糊、蛋黃、細砂糖、海藻糖→ L M →有筋性→↓奶油、鹽→ L M →呈薄膜→↓果乾。麵團終溫25～26℃。

▶ **基本發酵**
室溫發酵40～50分鐘。

▶ **分割、滾圓、中間鬆弛**
分割500g，滾圓，室溫鬆弛30分鐘。

▶ **整型**
整型成圓球狀，放入紙模中。

▶ **最後發酵**
28～30℃，75～85%，3～4小時。割劃十字型刀口，擠上奶油。

▶ **烘烤**
3階段式烘烤。倒掛冷卻。

獨特風味・節慶麵包 | 265

| 作法 | METHOD

預先準備　使用模型

01 紙模（底直徑12cm×高8cm×口徑15cm）。

紙模

02 將紙模的四角先插入長竹籤備用。

卡士達麵糊

03 將所有材料混合拌勻。

04 以小火邊拌邊煮至濃稠，過篩。

製作　攪拌麵團

05 **中種**。取出完成連續餵養的水式酵母，參見P.43-46。

06 瀝乾水式酵母多餘的水分。將水、水式酵母放入攪拌缸中浸泡5～10分鐘。

> **POINT**
> 這裡的「水式酵母」是指完成連續餵養三次後的水式酵母。

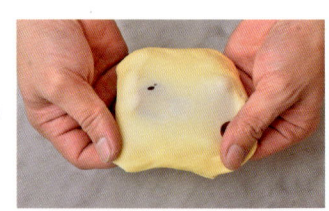

07 用勾狀攪拌器，以 L 速攪拌混合，加入高筋麵粉、法國麵粉、蛋黃A以 L 速→ M 速攪拌至有筋性（7～8分筋）

BREAD 8

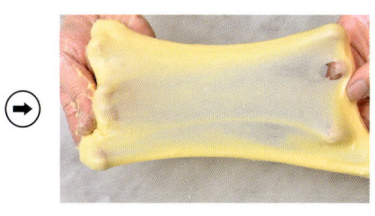

08 分3次加入細砂糖、後加水、蛋黃B（幫助糖較容易攪散）攪拌均勻。

09 加入奶油，以 L 速→ M 速攪拌至麵團呈光滑、有延展性的完全擴展（呈薄膜）。麵團終溫25～26℃。

延展麵團確認狀態　**薄膜狀**

| 3 倍大 |

10 用奶油在量杯內側，薄薄的塗抹均勻，放入麵團，置於發酵箱（27～28℃，75～85%），發酵12～14小時至3～3.5倍大。

11 **主麵團**。攪拌前，將卡士達麵糊、蛋黃先用均質機均質過，比較不會有結粒。

12 將完成的中種、高筋麵粉，以 L 速→ M 速攪拌至有筋性。

獨特風味・節慶麵包 | 267

METHOD

13 分2次加入**作法⓫**、細砂糖、海藻糖，攪拌至8～9分筋。

延展麵團確認狀態 **8～9分筋**

| 完全擴展 |

14 加入奶油、鹽，以 Ⓛ速→Ⓜ速攪拌至麵團呈光滑、有延展性的完全擴展（呈薄膜）。

延展麵團確認狀態 **薄膜狀**

| 基本發酵 |

15 最後加入葡萄乾、橘皮丁混合拌勻。麵團終溫25～26℃。

16 將麵團置於室溫基本發酵40～50分鐘。

| 分割、滾圓、中間鬆弛 |

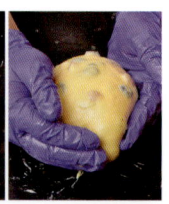

17 麵團分割成500g×4個，往底部收合捏緊整圓，置於室溫中間鬆弛30分鐘。

BREAD 8

整型

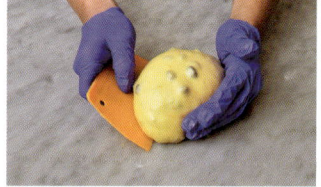

18 利用刮板將麵團往底部收合整圓，捏緊收口，整成圓球狀。

最後發酵

19 將麵團收口朝下放入紙模中。

20 置於發酵箱中（28〜30℃，75〜85%），最後發酵3〜4小時。

21 用割紋刀在表面割劃十字型刀口（待膨脹程度適中，表面稍乾即可在表面切劃十字）。

22 再稍片開前端、掀起麵皮。

23 將奶油裝入三角擠花袋，在刀口處擠上10g奶油。

烘烤

24 以上火140℃／下火135℃烘烤10分鐘，調整溫度，以上火150℃／下火145℃烘烤10分鐘，調整溫度，以上火160℃下／火155℃烘烤15〜20分鐘，共35〜40分鐘。測量中心溫度92℃（確保濕潤度及中心烤熟）。立即倒掛冷卻。

POINT
由於麵包的質地柔軟，不立即倒掛會塌陷，因此常會插入金屬籤，並上下顛倒放涼。冷卻後密封幾天，讓食材的風味更加熟成相互融合，風味更好。

獨特風味・節慶麵包 | 269

50

PANETTONE
義大利水果麵包

這款義大利水果麵包，也稱杜林式Panettone，相較於米蘭式，口感相對多層次。義大利水果麵包的製程繁複，是以特有的發酵工法，結合大量果乾，賦予麵包醇郁香氣，也因為發酵時間的催化，不僅讓麵包的口感更加輕盈柔軟，更讓食材間融合出豐富層次。其口感介於蛋糕與麵包之間，切開充滿豐盈的香氣，吃得到潤澤香甜的果乾，與綿密鬆軟的麵包體交融出蛋糕般柔軟口感。

| 份量 | 4個（500g） | 使用模型 | 紙模 | 難易度 | ★★★★★ |

材料 INGREDIENTS

麵團	配方	重量
中種		
水式酵母（P.43-46）	40%	200g
水	18%	90g
高筋麵粉	55%	275g
法國麵粉	15%	75g
蛋黃A	24.5%	122.5g
細砂糖	25%	125g
蛋黃B	20%	100g
後加水	12%	60g
奶油	45.5%	227.5g
主麵團		
高筋麵粉	30%	150g
卡士達麵糊（P.266）	16%	80g
蛋黃	23%	115g
細砂糖	7.5%	37.5g
海藻糖	7.5%	37.5g
奶油	20%	100g
鹽	2.35%	11.75g
A 可可粉	2%	10g
A 水	2%	10g
B 草莓乾	45%	225g
B 水滴巧克力	35%	175g
Total	445.35%	2226.75g

巧克力杏仁糖霜

蛋白	77g
細砂糖	100g
鹽	1.1g
杏仁粉	81g
可可粉	5g

製作工序 PROCESS

● **預先準備**
巧克力杏仁糖霜。材料攪拌均勻。

● **中種**
水、水式酵母浸泡5～10分鐘→Ⓛ→↓高筋、法國麵粉、蛋黃A→ⓁⓂ→有筋性→↓↓↓細砂糖、後加水、蛋黃B→Ⓛ→↓↓↓奶油→ⓁⓂ→呈薄膜。麵團終溫25～26℃。27～28℃，75～85%，發酵12～14小時至3～3.5倍大。

● **攪拌麵團**
中種、高筋麵粉→ⓁⓂ→呈厚膜→↓↓均質過的卡士達麵糊、蛋黃、細砂糖、海藻糖→ⓁⓂ→有筋性→↓奶油、鹽→ⓁⓂ→呈薄膜→↓材料Ⓐ→↓材料Ⓑ。麵團終溫25～26℃。

● **基本發酵**
室溫發酵40～50分鐘。

● **分割、滾圓、中間鬆弛**
分割500g，滾圓，室溫鬆弛30分鐘。

● **整型**
整型成圓球狀，放入紙模中。

● **最後發酵**
28～30℃，75～85%，3～4小時。擠上巧克力杏仁糖霜，撒上珍珠糖、糖粉。

● **烘烤**
3階段式烘烤。倒掛冷卻。

作法　METHOD

預先準備　使用模型

01 紙模（底直徑12cm×高8cm×口徑15cm）。

紙模

02 將紙模的四角先插入長竹籤備用。

巧克力杏仁糖霜

03 將所有材料混合攪拌均勻備用。

卡士達麵糊

04 參見P.264-269米蘭水果麵包作法3-4製作「卡士達麵糊」。

製作　攪拌麵團

05 中種。中種麵團的製作參見P.264-269米蘭水果麵包作法5-10。

06 主麵團。攪拌前，將卡士達麵糊、蛋黃先用均質機均質過，比較不會有結粒。

07 將完成的中種、高筋麵粉，以 L 速→ M 速攪拌至有筋性。

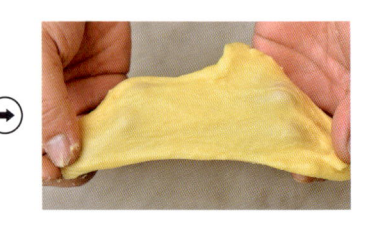

08 分2次加入**作法❻**、細砂糖、海藻糖，攪拌至8～9分筋。

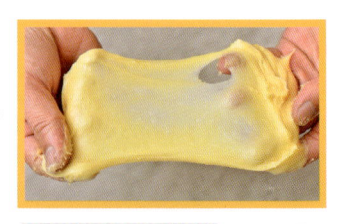

延展麵團確認狀態　8～9分筋

BREAD 8

| 完全擴展 |

09 加入奶油、鹽，攪拌至麵團呈光滑、有延展性的完全擴展（呈薄膜）。

延展麵團確認狀態 **延展麵團**

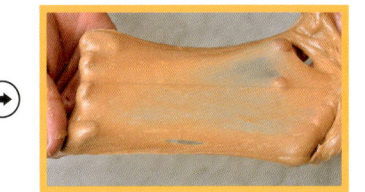

10 加入材料Ⓐ可可粉、水混合攪拌均勻。

延展麵團確認狀態 **薄膜狀**

| 基本發酵 |

11 再加入材料Ⓑ草莓乾、水滴巧克力混合拌勻。麵團終溫25～26℃。

12 將麵團置於室溫基本發酵40～50分鐘。

| 分割、滾圓、中間鬆弛 |

13 麵團分割成500g×4個。

14 利用刮板輔助整型，往底部收合捏緊整圓，置於室溫鬆弛30分鐘。

獨特風味・節慶麵包 | 273

METHOD

整型

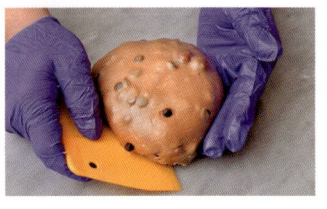

15 將麵團往底部收合整圓，捏緊收口整成圓球狀，以收口朝下放入紙模中（由於麵團較軟，會利用刮板輔助整型）。

最後發酵

16 置於發酵箱中（28～30℃，75～85%），最後發酵3～4小時。

17 表面擠上巧克力杏仁糖霜（40～45g）、利用抹刀將整個表面抹勻。

18 撒上珍珠糖、篩撒糖粉（份量外）。

烘烤

POINT
測量中心溫度92～95℃。

19 以上火140℃／下火135℃烘烤10分鐘。調整溫度，以上火150℃／下火145℃烘烤10分鐘。調整溫度，以上火160℃／下火155℃烘烤15～20分鐘，共35～40分鐘。

POINT
- 由於麵包的質地柔軟，不立即倒掛會塌陷，因此常會插入金屬籤，並上下顛倒放涼。
- 冷卻後密封幾天，讓食材的風味更加熟成相互融合，風味更好。

20 立即倒掛冷卻。

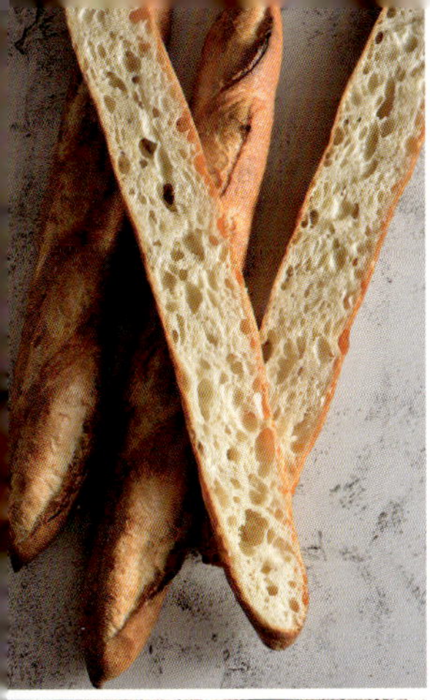
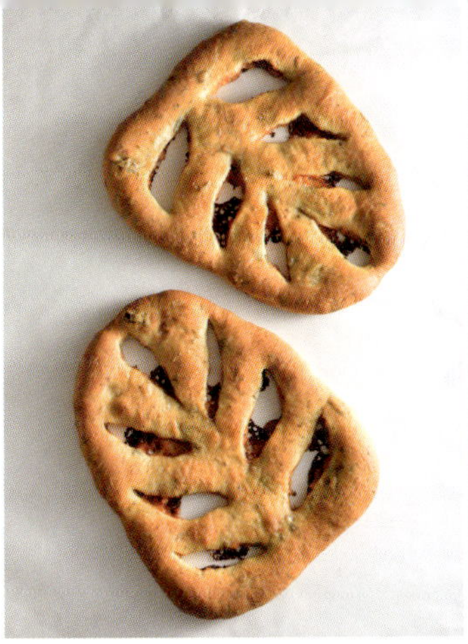
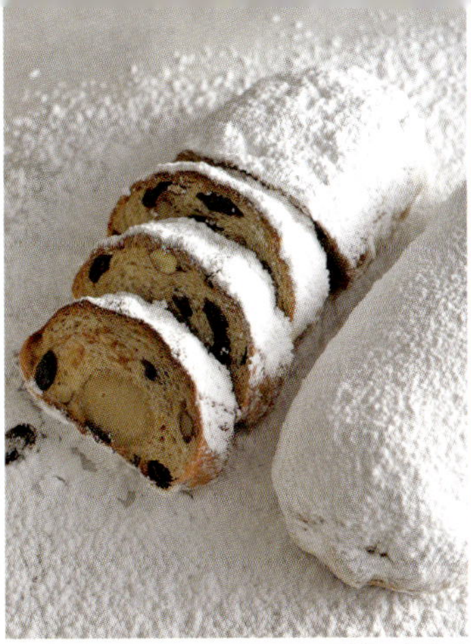
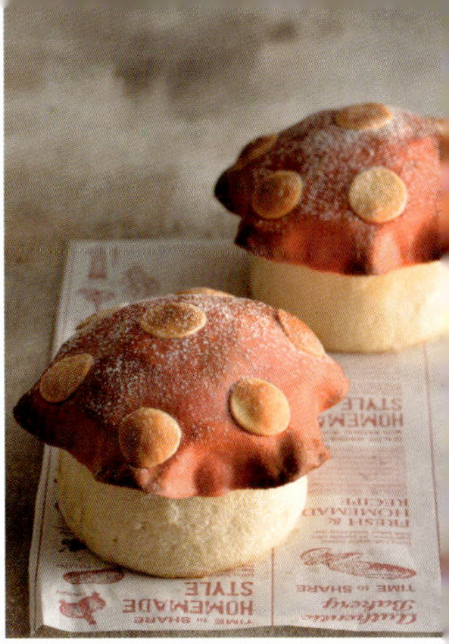
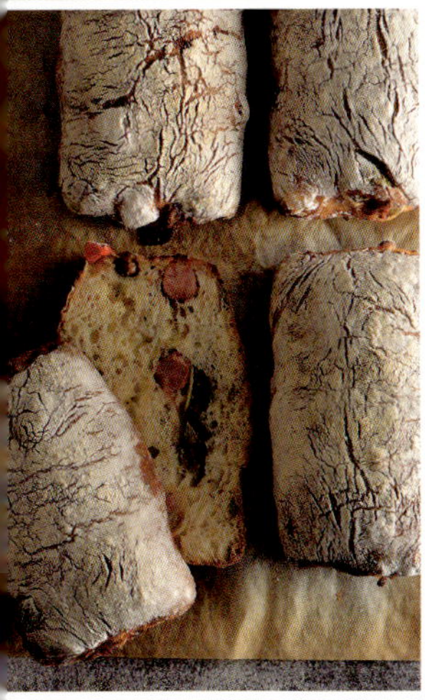
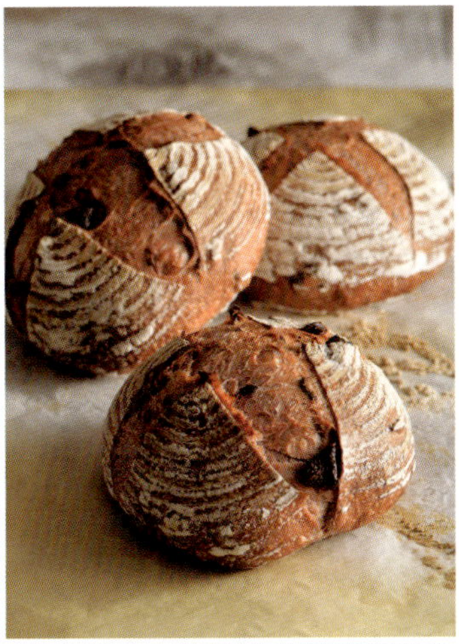
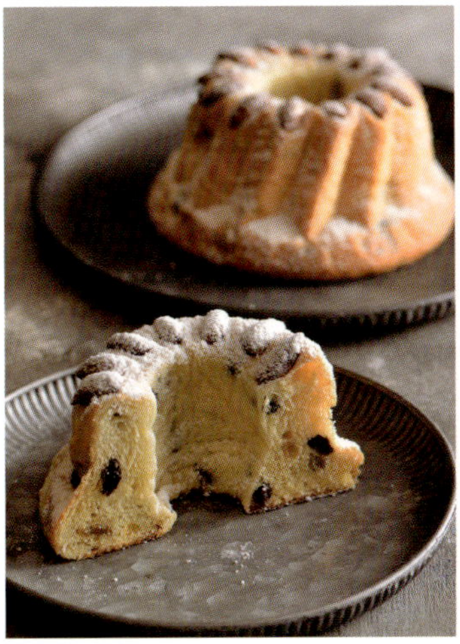
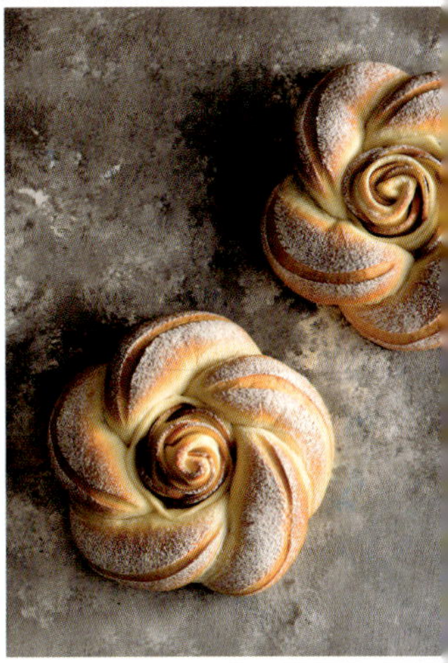
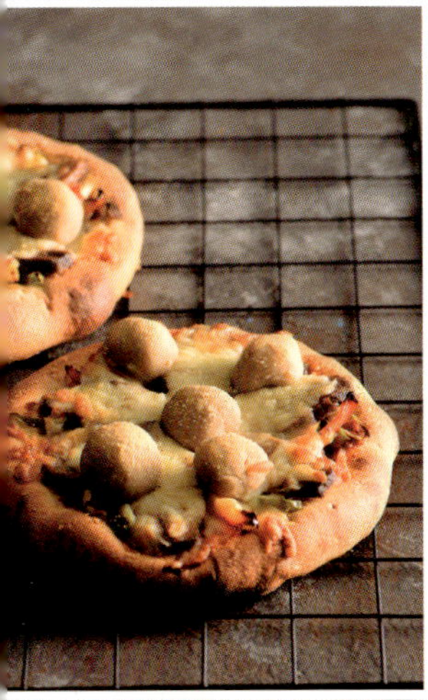
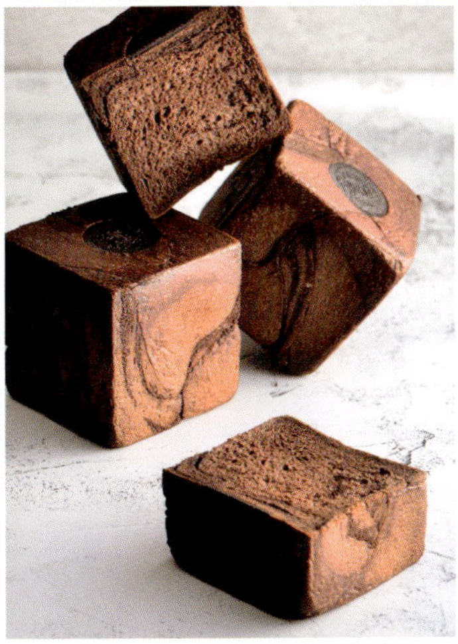
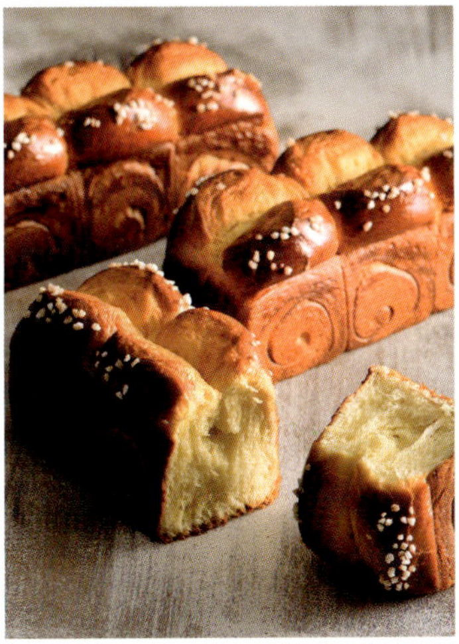
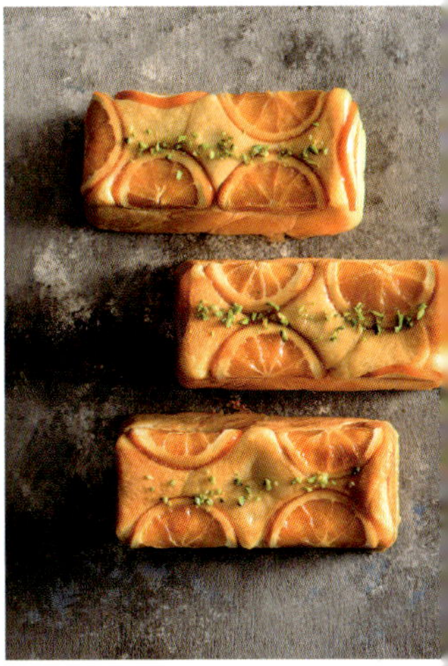
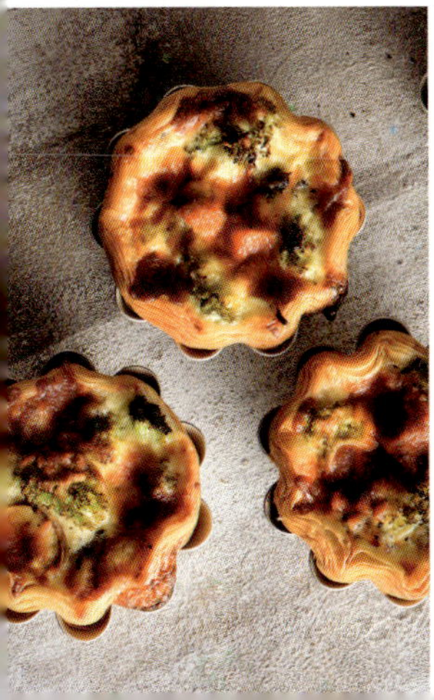
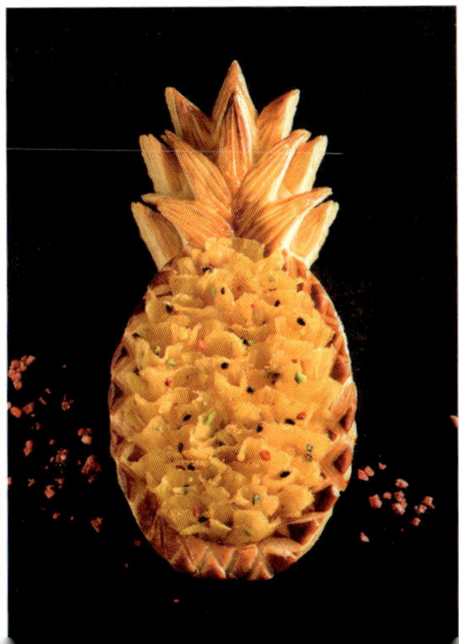
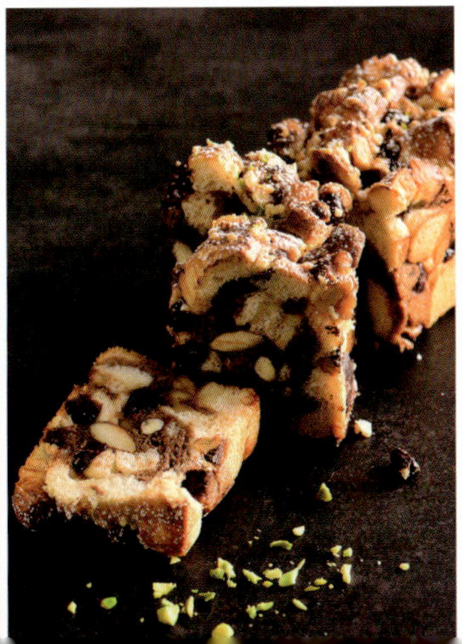
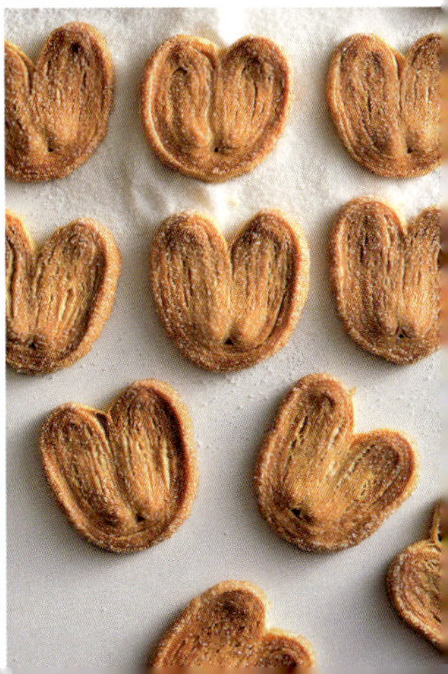

國家圖書館出版品預行編目（CIP）資料

世界冠軍游東運經典麵包學：從各國經典麵包學習掌握關鍵工法，歐法麵包、布里歐＆甜麵包、丹麥千層、節慶麵包等，一次學會究極的經典美味／游東運著. -- 初版. -- 臺北市：日日幸福事業有限公司出版：聯合發行股份有限公司發行，2025.04
面；　公分. --（廚房 Kitchen；153）

ISBN 978-626-7414-51-4（平裝）

1. CST：點心食譜　2. CST：麵包

427.16　　　　　　　　　　　　　　114003114

廚房 Kitchen 0153
世界冠軍游東運經典麵包學
從各國經典麵包學習掌握關鍵工法，歐法麵包、布里歐＆甜麵包、丹麥千層、節慶麵包等，一次學會究極的經典美味

作　　者：游東運
總　編　輯：鄭淑娟
行銷主任：邱秀珊
企劃主編：蘇雅一
美術設計：陳育彤
封面設計：陳姿妤
攝　　影：周禎和
廠商贊助：麥典實作工坊

出　版　者：日日幸福事業有限公司
電　　話：（02）2368-2956
傳　　真：（02）2368-1069
地　　址：106 台北市和平東路一段 10 號 12 樓之 1
郵撥帳號：50263812
戶　　名：日日幸福事業有限公司
法律顧問：王至德律師
電　　話：（02）2341-5833

發　　行：聯合發行股份有限公司
電　　話：（02）2917-8022
印　　刷：中茂分色印刷股份有限公司
電　　話：（02）2225-2627
初版一刷：2025 年 4 月
定　　價：680 元

版權所有　翻印必究
※本書如有缺頁、破損、裝訂錯誤，請寄回本公司更換

麥典 My Day
實作工坊 HOME-MADE SERIES

〔麥典實作工坊〕

"**安心手作 樂趣分享**"

〈輕鬆解鎖烘焙幸福〉

- 專為家用攪拌機、製麵包機、手揉開發
- 純粹小麥，不使用任何改良劑、添加劑
- 獲「雙潔淨標章」認證
- 內外袋雙層保鮮設計，用多少、開多少，好品質從一而終

百道食譜免費看

開創健康快樂的明天

統一企業(股)公司
UNI-PRESIDENT ENTERPRISES CORP.

愛用者服務專線：0800037520
服務信箱：臺灣臺南市永康區中正路301號
網址：www.uni-president.com.tw
www.pecos.com.tw

精緻好禮大相送,都在日日幸福!

只要填好讀者回函卡寄回本公司(直接投郵),您就有機會獲得以下各項大獎。

獎項內容

1
大同20L氣炸烤箱
TOT-F2020A
市價4990元／1台

2
松木全功能調理攪拌棒
MG-HB0402
市價2980元／2台

3
義大利Giaretti珈樂堤
電動麵包刀
市價1680元／3組

4
統一麥典實作工坊
麵包專用粉(1kg),一箱12入
市價1200元／10名

參加辦法

只要購買《世界冠軍游東運經典麵包學》,填妥書裡「讀者回函卡」(免貼郵票)於2025年7月31日(郵戳為憑)寄回【日日幸福】,本公司將抽出以上幸運獲獎的讀者,得獎名單將於2025年8月15日公佈在:

日日幸福臉書粉絲團:https://www.facebook.com/happinessalwaystw

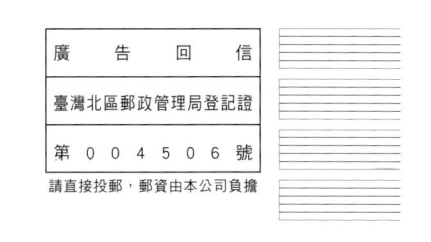

廣　告　回　信
臺灣北區郵政管理局登記證
第００４５０６號
請直接投郵，郵資由本公司負擔

10643
台北市大安區和平東路一段10號12樓之1
日日幸福事業有限公司　收

請沿虛線剪下，黏貼好後，直接投入郵筒寄回

讀 者 回 函 卡

感謝您購買本公司出版的書籍，您的建議就是本公司前進的原動力。請撥冗填寫此卡，我們將不定期提供您最新的出版訊息與優惠活動。

▶

姓名： _____　性別：□男　□女　出生年月日：民國____年____月____日
E-mail： _____
地址：□□□□□ _____
電話： _____　手機： _____　傳真： _____
職業：　□ 學生　　　　　□ 生產、製造　　□ 金融、商業　　□ 傳播、廣告
　　　　□ 軍人、公務　　□ 教育、文化　　□ 旅遊、運輸　　□ 醫療、保健
　　　　□ 仲介、服務　　□ 自由、家管　　□ 其他

▶

1. 您如何購買本書？□ 一般書店（　　　　書店）　□ 網路書店（　　　　書店）
　　　　□ 大賣場或量販店（　　　　）　□ 郵購　□ 其他
2. 您從何處知道本書？□ 一般書店（　　　　書店）　□ 網路書店（　　　　書店）
　　　　□ 大賣場或量販店（　　　　）　□ 報章雜誌　□ 廣播電視
　　　　□ 作者部落格或臉書　□ 朋友推薦　□ 其他
3. 您通常以何種方式購書（可複選）？□ 逛書店　□ 逛大賣場或量販店　□ 網路　□ 郵購
　　　　□ 信用卡傳真　□ 其他
4. 您購買本書的原因？　□ 喜歡作者　□ 對內容感興趣　□ 工作需要　□ 其他
5. 您對本書的內容？　□ 非常滿意　□ 滿意　□ 尚可　□ 待改進 _____
6. 您對本書的版面編排？　□ 非常滿意　□ 滿意　□ 尚可　□ 待改進 _____
7. 您對本書的印刷？　□ 非常滿意　□ 滿意　□ 尚可　□ 待改進 _____
8. 您對本書的定價？　□ 非常滿意　□ 滿意　□ 尚可　□ 太貴
9. 您的閱讀習慣：(可複選)　□ 生活風格　□ 休閒旅遊　□ 健康醫療　□ 美容造型　□ 兩性
　　　　□ 文史哲　□ 藝術設計　□ 百科　□ 圖鑑　□ 其他
10. 您是否願意加入日日幸福的臉書（Facebook）？　□ 願意　□ 不願意　□ 沒有臉書
11. 您對本書或本公司的建議： _____
_____
_____
_____

註：本讀者回函卡傳真與影印皆無效，資料未填完整即喪失抽獎資格。